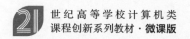

21世纪高等学校计算机类
课程创新系列教材·微课版

C++面向对象程序设计

微课视频版

董兴业 瞿有利 王涛 / 编著

清华大学出版社
北京

内 容 简 介

本书介绍了面向对象程序设计思想及其在 C++语言中的实现方式。本书采用启发式的叙述方法展现面向对象程序设计的相关知识，语言通俗易懂；根据封装、继承、多态的顺序编排主要内容，根据学习规律和要求穿插相关内容；逻辑清楚，内容全面，注重运用；示例严谨连贯、循序渐进、丰富生动；在 Visual C++ 2015 中调试运行，并配有大量习题。全书共 9 章，分别为面向对象程序设计简介、从 C 语言到 C++语言、类与对象、运算符重载、流类库与输入输出、继承、虚函数和多态、模板与 STL、异常处理。本书能帮助读者快速地建立面向对象程序设计的思维方式，获得使用 C++语言进行面向对象程序设计的能力。

本书为有 C 语言基础、希望通过 C++语言进一步学习面向对象程序设计的读者编写，适合作为高等院校计算机类、信息管理类及电子信息类等相关专业的教材，也可供自学者使用。

图书在版编目(CIP)数据

C++面向对象程序设计：微课视频版/董兴业，瞿有利，王涛编著. —北京：清华大学出版社，2021.9
(2025.3重印)

21 世纪高等学校计算机类课程创新系列教材：微课版

ISBN 978-7-302-58690-6

Ⅰ. ①C… Ⅱ. ①董… ②瞿… ③王… Ⅲ. ①C 语言－程序设计－高等学校－教材 Ⅳ. ①TP312

中国版本图书馆 CIP 数据核字(2021)第 142617 号

责任编辑：陈景辉 张爱华
封面设计：刘 键
责任校对：焦丽丽
责任印制：宋 林

出版发行：清华大学出版社
　　　　网　　址：https://www.tup.com.cn, https://www.wqxuetang.com
　　　　地　　址：北京清华大学学研大厦 A 座　　　邮　　编：100084
　　　　社 总 机：010-83470000　　　　　　　　邮　　购：010-62786544
　　　　投稿与读者服务：010-62776969, c-service@tup.tsinghua.edu.cn
　　　　质量反馈：010-62772015, zhiliang@tup.tsinghua.edu.cn
　　　　课件下载：https://www.tup.com.cn ,010-83470236
印 装 者：三河市科茂嘉荣印务有限公司
经　　销：全国新华书店
开　　本：185mm×260mm　　　印　　张：11.75　　　字　　数：296 千字
版　　次：2021 年 9 月第 1 版　　　印　　次：2025 年 3 月第 6 次印刷
印　　数：4301～5300
定　　价：49.90 元

产品编号：092384-01

前　言

党的二十大报告强调"必须坚持科技是第一生产力、人才是第一资源、创新是第一动力,深入实施科教兴国战略、人才强国战略、创新驱动发展战略,开辟发展新领域新赛道,不断塑造发展新动能新优势"。

随着计算机应用水平在广度和深度上的发展,要解决的问题也越来越复杂,程序设计范式也随之不断发展。面向对象程序设计更符合人类的思维方式,更适合描述复杂领域中的问题。通过运用面向对象程序设计中的封装、继承和多态,不仅可提高编程效率,而且可赋予程序很好的可重用性和可扩展性,从而大幅度减少软件的开发和维护成本,因此面向对象程序设计长久以来都是程序设计领域的主流技术。C++语言不仅是一种流行的面向对象程序设计语言,而且对于深入理解面向对象程序设计思想来说也是一种有较好深度的语言。如果掌握了使用C++语言进行面向对象程序设计的方法,那么学习其他面向对象程序设计语言也会容易得多。另外,C语言是计算机类等专业的程序设计入门语言,因此,使用能很好兼容C语言的C++语言讲解面向对象程序设计思想成为众多高校教学计划的重要环节。

然而,在教学实践中,找到一本合适的教材却不容易。主要有三个方面的问题:一是内容涵盖面向过程程序设计,只有一半的篇幅与面向对象程序设计有关,性价比不高;二是面向对象程序设计的内容不够全面,缺少对实践中的一些重要问题的介绍;三是对面向对象思想的运用不足,忽视对合理抽象类和完整封装类的强化,或类似"虎父犬子"的错误继承关系等问题频现。为此,我们编写了本书,目的是抛砖引玉,希望给学习者提供一本清晰、简洁、准确、生动、全面的教学参考书。本书中的例子在 Visual C++ 2015 中编译运行,同时在配套资源中提供 Dev-C++ 5.11 版本的源程序。

本书主要内容

本书为有C语言基础、希望通过C++语言进一步学习面向对象程序设计的读者编写,能帮助读者快速地建立面向对象程序设计的思维方式,获得使用C++语言进行面向对象程序设计的能力。

本书共有9章。

第1章是面向对象程序设计简介,主要介绍面向过程和面向对象的区别,着重介绍面向对象中的三个重要概念和面向对象程序设计的基本特征。

第2章介绍相对于C语言来说C++语言的新内容,首先是C++语言简介、域作用符和名字空间、输入输出流简介,然后重点介绍C++语言中关于常量与常变量、类型、函数和动态内存分配的新内容。

第3章介绍类与对象的相关内容,主要讲解类的封装,包括类的定义与对象、类中的成员,及对象的生存期、作用域与可见性,最后介绍类间的关系及其在C++语言中的实现,并举例讲解面向对象程序设计的封装思想,帮助学习者建立完整封装的概念。

第4章介绍运算符重载,包括运算符重载的一般形式、典型的运算符重载和自动类型转换的内容,从而使封装完整的类更好用。

第5章介绍流类库与输入输出,包括 C++语言流类库的结构、标准输入输出流、格式控制方法,最后介绍文件与文件流,培养学习者为完善封装的类提供文件读写的能力。

第6章介绍继承,包括继承的含义、继承方式、派生类中的成员、多继承与虚基类,并分析继承与组合的使用条件,培养学习者正确使用继承关系的能力。

第7章介绍虚函数和多态,包括静态绑定与动态绑定、虚函数、构造函数与析构函数、动态类型转换、纯虚函数和抽象类,最后通过应用举例来分析组合关系与聚合关系中如何应用多态,并通过实现异构链表和异构数组的文件读写来加强学习者对多态的理解和运用的能力。

第8章介绍模板和 STL,包括函数模板和类模板,同时简单介绍 STL 的内容和基本的使用方法。

第9章介绍异常处理,包括异常处理的实现、异常处理中的对象、异常的多态,同时简单介绍标准库中的异常处理。

本书特色

(1) 启发式的叙述方式,语言通俗易懂,示例严谨连贯,内容完整全面。

(2) 设计必要场景,逐步完善示例,培养学习者设计和完整封装类的能力。

(3) 强调继承的使用条件,避免使用类似"虎父犬子"的错误继承关系。

(4) 完整地介绍多态的使用方法,培养灵活运用多态的思维能力。

(5) 将文件内容提前,通过文件练习理解多态并充分练习文件的使用。

(6) 实例丰富,代码详尽,提供 Visual C++ 2015 和 Dev-C++ 5.11 版本的源程序。

配套资源

为便于教学,本书配有 860 分钟微课视频、源代码、教学课件、教学大纲、教学进度表、题库、考试试卷及参考答案。

(1) 获取微课视频方式:读者可以先扫描本书封底的文泉云盘防盗码,再扫描书中相应的视频二维码,观看教学视频。

(2) 获取源代码方式:先扫描本书封底的文泉云盘防盗码,再扫描下方二维码,即可获取。

源代码

(3) 其他配套资源可以扫描本书封底的"书圈"二维码下载。

读者对象

本书适合作为高等院校计算机类、信息管理类及电子信息类等相关专业的教材,也可供自学者使用。

编写本书历经十年有余,全书由董兴业负责执笔编写初稿,三位编者筛选了大量的材料,不断商讨取舍。经过多次内部使用,逐渐成熟,因此决心付诸出版。

由于编者水平有限,书中难免有疏漏之处,恳请读者批评指正。

编　者

2021 年 8 月

目　录

第 1 章　面向对象程序设计简介

面向对象程序设计是实现软件系统的一种方法,其思维方式迥异于面向过程的方法:它利用面向对象的程序设计语言,采用面向对象的思维方式,将求解的问题抽象为合适的类,并通过类的对象间的合作得到问题的解答。这种思维方式更接近人的思维活动,也使问题的抽象过程更直接,可增加软件系统的可维护性,减少软件系统的开发成本。本章从一个面向过程的程序设计例子出发,分析其程序设计上的不足,然后引出面向对象的程序设计思想,并重点介绍面向对象程序设计思想中的三个重要概念及其基本特征。

1.1　面向过程与面向对象

假设要使用面向过程的程序设计语言(这里以 C 语言为例)开发一个银行系统。在该系统中,为描述银行账户,定义了如下数据结构:

```
struct Account
{
    char        name[20];                //姓名
    char        account_id[20];          //账户号
    double      balance;                 //账户余额
};
```

有了这个结构,就可以设计一个函数来为银行客户开一个具体的账户。该函数的原型可声明如下:

```
char * create_new_account(const char pname[]);
```

同时,为了满足银行客户的存款、提款要求,还需要设计存款函数 deposit() 和取款函数 withdraw(),它们的原型可声明如下:

```
bool deposit(char account_id[], double amount);
bool withdraw(char account_id[], double amount);
```

在设计程序的过程中,会有这样的体验:程序员关注的焦点是管理账户的函数的实现,而容易忽略账户中的数据及表示账户的数据结构。然而,银行客户(包括银行自身)关注的是账户数据的安全。这样,就造成了问题领域与实现领域间的不一致,从而造成许多问题或不足。

首先,设计思路不够直接。在使用 C 语言实现时,首先想到的是银行客户需要账户,然后分析客户在这个账户上有哪些操作;接下来要做的是设计账户的数据结构、设计满足客户需要的函数及其实现过程,即随后的工作重点在如何做上。

其次,对于账户中的数据没有任何保护。账户数据对于程序来说完全公开,即在程序的任何地方都可以直接修改账户数据,而不必通过 deposit()函数和 withdraw()函数,这就很容易造成数据的不一致。

最后,程序的重用性差。前面表示账户的数据结构中没有描述客户密码的成员变量,为了记录客户的账户密码,需要修改前面的数据结构,此时需要同时修改与该信息有关的所有函数(因为程序中可以随意访问账户信息,所以需要修改的函数不局限于 deposit()、withdraw()和 create_new_account()),并重新编译、链接、测试——这个代价相当高。

造成以上问题的原因是数据与操作是分离的,抽象问题的方法是面向过程的。

在使用面向对象的方法解决问题时,首先想到的是银行客户需要账户,然后分析客户在这个账户上有哪些操作,接下来的工作重点是分析账户数据并为其提供必要的操作,即工作重点在于做什么。也就是说,此时的工作重点是被操作的数据而不是实现这些操作的过程;同时,数据和操作不再分离,而是被看作一个整体,或者认为操作是数据的一部分,即数据自身带有一组有意义的操作,对数据的改动或查看只能通过这组规定的操作进行。此时,任何外部程序都无法直接访问数据本身,而只能通过提供的接口——上述规定的操作——来完成对数据的管理,而数据的存放细节则被隐藏。当数据项发生改变时,例如,增加一个密码,可以只改变描述账户的程序,并改变相应的对外接口;如果仅仅是数据项发生变化,而对外接口没有发生变化,则可以保证由此引起的变化局限在上述规定的操作中。

使用面向对象的思想,可将账户设计为一个类。例如,使用 C++语言实现的类的框架大致如下:

```cpp
class Account
{
public:
    bool deposit(double amount);
    bool withdraw(double amount);
    double get_balance() const;
private:
    char    name[20];
    char    account_id[20];
    double  balance;
};
```

这种编程范式的特点如下:

(1) 数据与相关操作封装在一起,形成一个整体。在分析问题时,人们关注的是账户的相关数据和操作,而不是操作的实现过程或这些操作间的调用关系。这样,描述问题的方式与思考问题的方式更为一致。

(2) 数据与相关的操作不再分离。此时,数据的改变只会影响到已被封装在一起的函数,而不会影响更多。

(3) 增加了数据和相关函数的访问控制(public 和 private 关键字)。此时,外部程序试图访问由 private 修饰的数据时就会出现错误,这样就实现了对账户这一实体的保护;同时,外部程序只能通过提供的 public 接口来使用这一实体,这样就使得使用该实体的程序员不需要了解该实体的内部细节。

以上特点均体现了面向对象程序设计中的封装思想。实际上,面向对象程序设计还有继承和多态的特征。1.2 节介绍面向对象程序设计中的三个重要概念,然后在后续章节中逐步展开介绍涉及的具体内容。

1.2 面向对象中的三个重要概念

1. 对象

"对象"(object)一词含义很广,客观世界中的任何事物在一定的前提下都可以成为认识、研究的对象。它们可以是有形的(如一辆汽车),可以是无形的(如一项计划)。可以说"万物皆对象"。可通过静态和动态两个方面描述对象。

(1) 静态描述,即表示对象所属类别的属性。

(2) 动态描述,即描述对象可以表现的行为或具有的功能。

例如一辆汽车,它可以作为一个对象,具有的静态描述有生产厂家、型号、类型、颜色、排气量、最高速度等,动态描述有启动、加速、拐弯、刹车等;如果需要,它的组成部分也可以作为对象,如车轮、方向盘、发动机、变速器等。

面向对象程序设计中,一个对象是用来构成系统的一个基本单位,用来描述客观事物的一个实体,它具有:

(1) 属性,即用来描述对象静态特征的数据项,实现形式为数据成员。

(2) 方法,即用来描述对象动态特征的操作序列,实现形式为函数成员。

例如,对于一个账户对象来说,其姓名、账户号和账户余额都是它的属性,而 deposit()函数和 withdraw()函数是该对象具有的功能,即该对象提供的用于实现某种目的的方法。再如一个学生对象,其姓名、学号、性别、已修学分等都是它的属性;同时该对象具有设置和显示它的属性信息的方法,还可能有描述学习、选课、退课等行为的方法。

在面向对象程序设计中,对象是一种用户定义了类型的变量,对象间只能通过函数调用(或称为消息)相互通信;一个对象可以调用另一个对象的公有函数(此时对象执行内部的预定义过程来响应这个调用)或修改其公有属性。对象的结构模型如图1.1所示。

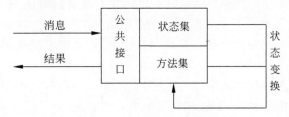

图 1.1 对象的结构模型

2. 类

在客观世界中对象是大量存在的。为了便于理解和管理,人们习惯通过归类的方法从一个个具体对象中抽象出共同特征形成一般的概念,称为类(class)。换言之,类是具有共同特征的事物的抽象。例如,学生可以作为一个类,而张三和李四等学生是学生类的实例,即学生类的对象。有人将类比喻为模具,将对象比喻为用该模具生产出的产品;也有人将类比喻为房子的图纸,而将对象比喻为按照图纸建成的房子。这些比喻不是很恰当。

首先,一个模具生产出的产品都是一样的,按同一图纸建造的房子也都是一样的,而对于面向对象程序设计中的对象来说,虽然各个对象同属于一个类,但各个对象是不一样的,例如,张三和李四同属于学生类,但却是两个不同的学生对象,它们具有不同的属性值。

其次,对象与类之间有概念上的从属关系,例如张三和李四是学生类的对象,他们都是学生类型,都属于学生类中的一员;但用模具生产出的产品并不是模具,按图纸建造的房子也不是图纸。

4

总之,面向对象程序设计中的类是一个抽象的概念,它一般不占用内存,没有实际的存在;而类的对象是类的实例,占用内存,有一定的生命周期。学生类的抽象与实例化如图1.2所示。通过对学生的抽象得到学生类的描述(包括属性描述和方法描述);将抽象的学生类实例化——在内存中分配空间并给每个属性赋予具体的值——就得到学生类的一个个对象。

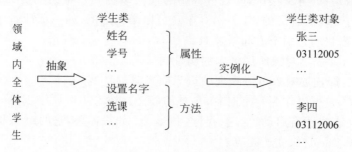

图1.2　学生类的抽象与实例化

在客观世界中,某些类间有一定的结构关系,其中主要有如下两种。

(1) 一般和具体的关系。该关系意味着类之间有泛化关系(也称为派生关系或继承关系),如一名研究生也是一名学生,就意味着研究生类和学生类之间有泛化关系,研究生类是对学生类的更具体的分类;狗是一种动物,就意味着狗类是动物类的一种,狗类是对动物类的一种更具体的分类;多边形是一种图形,意味着多边形类是图形类的一种细化分类。一般和具体的关系也称为"是一个"关系,或"is-a"关系。

(2) 整体与部分的关系。该关系表示了类间的组合关系,是"有一个"关系,或是"has-a"关系。例如,矩形有一个点,表示左上角位置;动物有一个名字;头上有两只耳朵、两只眼睛等。

类间有上述两种关系意味着相应的对象间也可能有上述两种关系,例如矩形A和表示其左上角的点a有整体与部分的关系;但相应对象间并不总有这种关系,例如矩形A和表示矩形B的左上角的点b之间就没有整体与部分的关系。

分析上述两种关系可以帮助程序员正确抽象出类,并确定它们之间的层次关系。

3. 消息

客观世界中的事物之间是相互联系、相互影响的。在面向对象程序设计中,对象描述了客观实体,因此,对象之间也是相互联系、相互影响的。当对象A需要另外一个对象B提供的服务时,对象A就向对象B发出一个服务请求,而收到请求的对象B会响应这个请求并完成指定的服务。这种向对象发出的服务请求就称为消息(message)。在C++中,给对象传递消息就是调用该对象的公有函数。

消息传递是对象间进行通信的唯一手段。消息的功能是请求对象执行某种操作,而某一对象在执行相应的操作时又可以请求其他对象完成另外的操作。在使用对象提供的服务时,只需要了解它的消息模式,而不必知道具体执行的细节。用面向对象的方法设计的程序,其执行过程就体现为对象间的消息传递。

消息传递与对象封装间有着密切的联系。封装使对象成为一些各司其职、互不干扰的单元,而消息则为对象提供了唯一合法的动态联系的途径,使各类对象组成一个相互配合的有机整体。

一般情况下,消息由三部分组成:接受消息的对象、消息选择符和消息参数。其中,接受消息的对象就是要执行动作的对象,消息选择符就是用来表示选择要求对象执行的方法的符号(即用于选择执行对象的某个函数的符号),而消息参数就是执行动作需要的输入数据。

1.3　面向对象程序设计的基本特征

1. 封装

在面向对象程序设计中,封装(encapsulation)具有两方面的含义:一方面是指整合对象的属性和方法形成一个不可分割的整体;另一方面是指"数据隐藏",即对象只应保留有限的对外接口,并尽可能隐藏对象内部的具体细节。也就是说,通过封装,在对象和外界之间建立一道屏障,使外界只能通过类所提供的、用来操作对象的公共接口(称为类的公共方法)与之发生联系,而外界不能以其他方式直接修改对象的属性值。

这个特点与现实中的很多事物都是类似的。例如一块电子表是电子表类的一个实体,它有大小、颜色、时、分、秒等属性,同时还有调时间、调日期、秒表计时等功能按钮,即与外界交互的接口。当需要调节时间时,只需要通过按钮调节即可,而不能通过给电路板中的某些电路输入脉冲来调节,否则就可能造成永久的损坏。

由此可见,封装把对象的属性和方法绑定为一个密不可分的整体,从而使对象能够完整地描述并对应于一个事物;封装中的数据隐藏反映了事物间的相对独立性,即在对象的外部使用对象时,只需要关心对象的行为(即能做什么),而不需要关心其实现细节,从而使程序员能够把精力集中在需要解决的问题上,而不被其他细节所干扰;封装中的数据隐藏反映在软件设计上,意味着对象的属性只能使用对象自己所提供的方法修改,从外界只能通过对象提供的公共接口获得服务,这样可有效地避免外部错误对该对象的影响,从而使软件错误局部化,大大降低了查错和排错的难度。同时,由于外界只能通过对象接口获得服务,因此,只要对象的接口不变,对象内部的修改就不会影响系统的其他部分,从而减小了维护程序的工作量及维护时产生的负面影响。

2. 继承

对客观事物进行归类是一个逐步抽象的过程;反之,对类进行层层分类是一个概念逐渐细化的过程。在面向对象程序设计中,允许在已有类的基础上通过增加新特征或新功能而产生出新的类,这称为继承(inheritance)。此时,原有的类称为基类(base class)或父类,新产生的类称为派生类(derived class)、导出类或子类。基类和派生类间应该有"是一个"关系。

例如,电子表类是一个类,它又是钟表类的派生类。显然,钟表类具有的特征,电子表类都具有,也就是说派生类自动继承了基类的属性和方法。在整个类的继承关系中,越是上层的类越简单、越一般;而越是下层的类就越具体、越详细。

使用面向对象的思想设计新的类时,只要将新类说明为某个类的派生类,该新类就会自动地继承其基类的属性和方法。从基类继承来的内容可以在派生类中使用而不需要重新定义,这显然减少了软件开发的工作量,实现了代码的重用。

3. 多态

多态(polymorphism)是面向对象程序设计的另一个重要特征。在通过继承而派生出的一系列类中,可能存在一些名称相同但实现过程和功能不同的方法,此时,各类的对象接受同一个消息时可能会做出不同的反应,表现出不同的行为,这就是多态。例如,现实中的乐器都可以用来演奏,而乐器类又可以分为多种更为具体的类,如钢琴、小提琴、二胡等,这些乐器都有演奏 play()这个方法且该方法的调用格式是相同的(想象一下:乐团指挥在对各类乐器发出演奏的指令时所做的动作是一样的)。在面向对象程序设计中,可以为乐器类设计 play()函数,然后钢琴类、小提琴类、二胡类均从乐器类派生,从而它们均可接受 play()格式的消息;然而,各类乐器的具体演奏方式是不同的,因此,不同类的乐器会表现出不同的演奏行为——例

面向对象程序设计简介

如钢琴类对象的演奏方法是敲击琴键,而二胡类对象的演奏方法是拉动弓弦——最终表现是演奏出不同的声音。

多态使得接受相同消息的不同具体类的对象能够自动执行其相应类中的相应方法,这样,用户不必知道某个对象所属的类,只要使用相同的方法就能使用不同类型的对象并且得到正确的结果,从而为程序设计带来更大的方便。

1.4 小　结

面向对象的方法包括很多内容,如面向对象的分析方法、面向对象的设计方法、面向对象的程序设计、面向对象的维护等。本书只关注面向对象的程序设计,并以 C++语言来讲解。

本章简单分析了面向过程程序设计存在的问题,然后引出面向对象程序设计的概念。为理解面向对象程序设计,需要理解类(class)是事物的抽象,是自定义的一种数据类型,在这种数据类型中不仅有数据成员,而且有函数成员。在程序运行中,类一般是不占用内存空间的;对象(object)是类的实例,是数据类型为该类的变量,在程序运行中需要占用内存空间;消息是实现对象间信息通信的手段,在 C++语言面向对象程序设计中,消息一般是通过对象进行的函数调用。

本章还简单介绍了面向对象程序设计的封装、继承和多态三种基本特征,在后续章节会逐步深入介绍它们。

1.5 习　题

1. 面向对象的程序设计方法有哪些特点?

2. 在面向对象程序设计中,什么是对象? 什么是类? 两者有何关系? 举例说明。

3. 在面向对象程序设计中,什么是消息? 如何理解给一个对象发送一个消息?

4. 在面向对象程序设计中,什么是封装? 简述其含义和作用。

5. 在面向对象程序设计中,列出两个重要的类间的关系,并举例说明。

6. 查阅几种面向对象程序设计或 C++相关的教科书,比较它们对类和对象的解释。

7. 选择一个应用问题,尝试分析其中有哪些类,类间有哪些关系,类的对象有多少。

第2章 从 C 语言到 C++ 语言

C++语言是一种支持面向对象程序设计的编程语言,本书选用该语言来解释面向对象程序设计的基本思想。C++语言与 C 语言有联系但更有区别,虽然它是一个更好的 C 语言,但其支持面向对象程序设计的能力才是其重点内容。本书假设读者已经掌握基本的 C 语言语法,有一定的 C 语言基础。

本章简要介绍 C++语言的历史,然后介绍 C++语言中的域、名字空间、输入输出流、变量、类型、函数和动态内存分配的内容,目的是使读者能够快速掌握 C++语言的一些特点,能够在 C++语言的编译环境下顺利地写出符合 C++语言语法的程序。

视频讲解

2.1 C++语言简介

面向对象的程序设计语言与过程化程序设计语言(如 C 语言等)不同,它设计的目标就是能更直接地描述客观世界中存在的事物以及它们之间的关系。使用该类语言能够比较直接地反映问题域的本来面目,软件开发人员也能够使用该类语言运用人类认识事物所采用的一般思维方法来进行软件开发。

面向对象的程序设计语言经历了一个很长的发展阶段,例如 LISP 家族的面向对象语言、Simula67 语言、Smalltalk 语言以及 CLU、Ada、Modula-2 等语言,都或多或少地引入了面向对象的概念,其中 Smalltalk 是第一个真正面向对象的程序设计语言。

然而,在 C 语言基础上扩充出来的 C++语言曾是应用最广的面向对象程序设计语言。这主要得益于之前 C 语言已经在工业界占据主流,为广大程序员所熟知,而 C++语言又兼容 C 语言并且是更好的 C 语言,程序员转向 C++语言不会丢掉过去的工作,也没有太多的困难,因此 C++语言的流行顺理成章。

C++语言是 1983 年由贝尔实验室的 Bjarne Stroustrup 研制成功的,它的名字强调了从 C 语言变化过来的扩展性(++正是 C 语言中的递增符号)。C++语言的首要设计目标是使其成为一个更好的 C 语言,所以 C++语言解决了 C 语言中存在的一些问题;C++语言的另一个重要目标就是支持面向对象的程序设计,因此在 C++中引入了类的机制。C++语言的标准化工作从 1989 年开始,于 1994 年制定了 ANSI C++语言标准草案。之后又经过不断完善,于 1998 年 11 月被国际标准化组织(ISO)批准为国际标准,成为被广泛接受的 C++语言。2011 年,C++语言标准委员会公布了 C++11 标准,此后又于 2014 年和 2017 年发布了新的 C++语言标准。尽管 C++语言的标准不断更新,但其基本内容是不变的,也不影响面向对象程序设计的思维方式,因此,如果没有特殊说明,本书的语法参考 C++98 标准。

尽管 C++语言是目前流行的面向对象程序设计语言,但由于 C++语言对 C 语言的兼容,使得其不是一个纯正的面向对象的语言:它既支持面向过程的程序设计,又支持面向对象的程序设计。不过,它最有意义的方面是其支持面向对象的程序设计能力。

虽然与 C 语言的兼容使得 C++语言具有双重特点,但它在概念上是和 C 语言完全不同的语言;如果认为它仅是 C 语言的扩充,那就完全错了,而如果在使用它时仍然保持 C 语言的习惯及思维方式,也是很不合适的。因此,应该注意按照面向对象的思维方式去编写程序,按它自己的方式使用它:不仅会使用它的编译器,更重要的是要掌握它的思维方式、设计方法和习惯。

使用 C++语言完全可以像使用 C 语言那样编写一个简单的程序。

```
/* 一个 C++语言程序的例子 */
# include < iostream >
using namespace std;
void print();

int main()
{
    int i;
    char s[80];
    print();                              //向屏幕输出提示信息
    cout << "输入你的名字: ";
    cin >> s;                             //将输入的信息保存到变量 s 中
    cout << "你的名字是" << s << endl;     //输出变量 s 中的信息
    return 0;
}

void print()
{
    cout << "个人信息\n";
}
```

注意,此示例程序的编写思想是面向过程的,而不是面向对象的;另外,cin、cout 等的基本用法在 2.3 节介绍。

2.2 域作用符和名字空间

在 C 语言中,已经知道变量的作用域分为函数原型作用域、块作用域和文件作用域。在 C++语言中,除有这三种作用域外,还有类作用域。这里,先介绍域作用符"::"的使用。

下面的程序说明了使用域作用符引用全局作用域中的变量的方法:

```
# include < iostream >
using namespace std;

int i = 0;              ←── 全局变量i
int main()
{
    int i = 10;         ←── 全局变量i
    cout << i << ::i << endl;
    return 0;           ←── 全局变量i
}
```

在这段程序中,在 main()函数中声明了局部变量 i 之后,局部变量 i 隐藏了全局变量 i,因此无法直接访问全局变量 i;此时,在 C 语言中,根本无法访问全局变量 i,但在 C++语言中可以通过使用域作用符来访问:"::i"就表示全局作用域中的变量 i。

域作用符左边可以是结构名、类名、联合名、枚举名以及名字空间名,用来说明域作用符右边的符号所在的域;当域作用符左边没有其他符号时就表示全局作用域,如上面的"::i"。

名字空间用来解决变量重名的问题,也可使程序设计变得更有条理。编写稍大的程序时可能有这样的体会:可用的、有明确意义的单词数还是不够多,当程序量大、需要的变量多时,很难为变量找到一个合适的名字;另外,不同的人编写的程序可能出现变量重名的现象。对于库来说,这个问题尤其严重:如果两个人编写的库文件中出现同名的变量或函数,那么使用起来就比较困难了。为解决这个问题,引入了名字空间这个概念。名字空间的声明使用namespace关键字。示例程序如下:

```
namespace  TestNamespace
{
   void print(int i)
   {
      cout << "The value is " << i << endl;
   }
}
```

此时,如果想调用该名字空间中的print()函数,可以使用名字空间的名字加上域作用符来引用。示例程序如下:

```
TestNamespace::print(5);
```

为更方便地使用名字空间,可以使用using关键字先将名字空间引入,之后就可以直接使用名字空间中的符号了。示例程序如下:

```
using namespace TestNamespace;
print(5);
```

通过名字空间,可以在同一个文件中使用相同的变量名或函数名,只要它们属于不同的名字空间;当然,在使用时需要指明该变量所属的名字空间。

在程序设计中,变量的声明和函数原型的声明应在头文件中,而变量的定义和函数的实现应在实现文件中,此时应在两个文件中使用名字空间。示例程序如下:

```
//test.h
#ifndef __TEST_H__
#define __TEST_H__
namespace Test
{
   extern int global;
   void print();
}
#endif

//test.cpp
#include< iostream >
#include "test.h"
using namespace std;
namespace Test
{
```

```
    int global = 0;
    void print()
    {
        cout << global << endl;
    }
}
```

2.3　输入输出流简介

输入输出流将在第 5 章详细介绍,这里仅简单做一介绍。

C++ 语言中有一个 I/O 流类库,其中在头文件<iostream>中声明了 8 个预定义的流对象:cin、cout、cerr、clog、wcin、wcout、wcerr、wclog。这些对象定义在 std 名字空间中。若将 std 名字空间引入当前程序,则可以直接访问在 std 名字空间中定义的函数和变量;若没有引入 std 名字空间,则可以在函数名和变量名前加"std::"显式地限定所引用的函数或变量。如前面的程序,如果不引入 std,则引用 cin 和 cout 时只能写成"std::cin"和"std::out"。

在 C++ 语言中,使用标准设备向程序中的变量输入数据可通过 cin 和提取运算符">>"来实现,它们的使用语法如下:

```
cin >> var1 >> var2 >> … >> varn;
```

其中,varx 为接收输入数据的变量名。对于基本的数据类型,C++ 语言已经为它们定义了提取符">>",所以可以直接使用。对于自定义的数据类型,需要程序员提供自定义的提取符,自定义的方法将在第 5 章介绍。

可以一次向多个变量输入数据。示例程序如下:

```
char name[32];
int age;
double score;
cin >> name >> age >> score;
```

通过键盘输入数据如下:

```
zhangsan 18 89.5
```

则将字符串"zhangsan"送到 name 中,将 18 送到 age 中,将 89.5 送到 score 中。注意,在通过提取符提取数据时,空白符(包括空格和制表符等)是各数据项的分隔符。例如,当上面输入的数据格式为"zhang san 18 89.5"时,name 的值为"zhang",且因为"san"不能转换为 int 型的值,所以 age 的值为垃圾值,score 的值也为垃圾值。

在 C++ 语言中,程序向标准输出设备中输出数据可通过 cout 和插入运算符"<<"来实现,它们的语法如下:

```
cout << 表达式 1 或控制符 << 表达式 2 或控制符 << … << 表达式 n 或控制符;
```

其中,表达式的运算结果被输出到输出设备的当前输出位置上。控制符定义输出数据的格式,例如,endl 就是一个常用的控制符,它的作用是使输出位置移动到下一行的开始处,即输出一个换行符。示例程序如下:

```
cout << "hello" << endl << "world" << endl;
```

其输出如下：

```
hello
world
```

对于基本的数据类型，C++语言已经为它们定义了插入符"<<"，所以可以直接使用。对于自定义的数据类型，需要程序员提供自定义的插入符，自定义的方法将在第 5 章介绍。

2.4　常量与常变量

在使用 C/C++语言编写的程序中，对于参加运算的数据，有的在整个程序的运行过程中其值必须保持不变，而有的则随着程序的运行不断发生变化。根据这些数据的这一性质，可将它们区分为常量、常变量和变量（通常说的常量包括了宏常量、枚举常量、直接常量和常变量。在需要与常变量区分时，常量只包括宏常量、枚举常量和直接常量）。这里重点介绍常量和常变量。

另外，关于变量的声明位置，C 语言和 C++语言有显著的不同：在 C 语言中，同层作用域中的变量必须集中在作用域的最前边；在 C++语言中，变量可以随时定义，随时使用。

2.4.1　常量

所谓常量是指在程序中直接给出了数值的那些数据。示例程序如下：

```
int i = 5;                      //5 是直接常量；i 是变量
char buf[10] = "hello";         //"hello"是直接常量；buf 是变量
char c = 'a';                   //'a'是字符型直接常量；c 是变量
#define PIE 3.14159             //PIE 是宏常量，编译时进行文字替换
enum SWITCH {OFF, ON};          //OFF 和 ON 是枚举常量
```

2.4.2　常变量

使用 const 定义的变量在整个程序的运行过程中不变。但在 C 语言中，const 的意思是"一个不能被改变的普通变量"。C 语言编译器不能把 const 修饰的变量看成一个编译期间的常量，因此下面写法是错误的（但在 C++语言中是可以的，因为 C++语言编译器在编译时就把 const 修饰的变量作为常量）。

```
const int bufsize = 100;
char buf[bufsize];
```

在 C 语言中，const 修饰的变量默认是外链接的，因此可以有下面的写法：

```
const int bufsize;              //可以不初始化，C 语言编译器认为这是一个声明
```

但在 C++语言中，默认 const 是内链接的，所以在定义时一定要初始化。如果仅是声明，需要加上 extern。例如，声明 int 型常量 bufsize 的程序如下：

```
extern const int bufsize;
```

有关常变量的一些用法示例如例 2.1 所示。

【例 2.1】 常变量的一些用法示例。

```
1.     # include < iostream >
2.     using namespace std;
3.     const int g = 0;              //g 在数据段
4.     int main()
5.     {
6.         const int c = 5;          //c 是局部常变量,在栈中
7.         int * p = (int *)&c;      //普通指针指向常量数据。C++语言中不允许直接指向,因此
8.                                   //需要强制转换。这里只是举例,实际编程时尽量不要这样做
9.         c = 10;                   //编译出错,不能给常变量赋值
10.        p = (int *)&g;            //普通指针指向常量数据
11.        * p = 20;                 //修改失败,会出现运行错误,原因是 p 指向的空间是
12.                                  //存储常量的空间,不允许修改;但不出现编译错误
13.                                  //因为 * p 的类型是 int,与右边的数值的类型一致
14.        int i = 10;
15.        const int * p2 = &i;      //p2 是指向常量的指针。从 p2 的角度看,它指向的数
16.                                  //据是常量,尽管此例中其所指空间保存的并不是常量
17.        * p2 = 20;                //从 p2 的角度看,它指向的数据是常量,不能修改
18.                                  //因此会出现编译错误
19.        return 0;
20.    }
```

关于 const,另外需要说明的是,注意 const 指针(也称指针常量,即指针类型的常量,也就是说指针本身的内容不能改)和指向 const 数据的指针(也称常量指针,即指向常量的指针)的区别。不过,只要掌握 C/C++语言中的数据声明的从内向外、从右向左的阅读方法,区分它们是不难的。示例程序如下:

```
double d;
const double cd = 10;            //cd 是常变量,所以必须初始化,否则编译出错
const double * p;                //p 指向 const double,所以指针本身可以不初始化
double * const p2 = &d;          //p2 是常变量,所以必须初始化,否则编译出错
const double * const p3 = &d;    //p3 是常变量,必须初始化;其所指内容是常量
cd = 20;                         //cd 是常变量,不允许改变它的值,编译出错
p = &d;                          //虽然 p 指向 const double,且 d 并不是常变量,但这是允许的,因为
                                 //修饰 p 的 const double 仅说明从 p 的角度看数据是 const double
* p = 10;                        //从 p 的角度看,它指向的数据是常变量,所以会出现编译错误
p = &cd;                         //cd 是 const double 类型,所以 p 可以指向它
p2 = &cd;                        //p2 是常变量,所以给 p2 赋值会产生编译错误
* p2 = 10;                       //p2 指向的数据是 double 型的,所以该语句是正确的
p2 = p;                          //p2 是常变量,所以给 p2 赋值会产生编译错误
p3 = &d;                         //p3 是常变量,所以给 p3 赋值会产生编译错误
* p3 = 20;                       //p3 所指向的内容是常变量,所以给 p3 所指内容赋值会产生编译错误
double * p4 = p;                 //p 是 const double 型指针,不能赋值给 double 型指针
```

下面再看一个关于字符串指针的程序。

```
char * const name = "LiSi";
name[0] = 'C';                   //name[0]是 char 类型的,因此"允许"给它赋值,编译可以通过
                                 //但 name[0]中的数据是常量,不允许被修改,因此运行时会出错
name = "WangWu";                 //name 是常变量,不允许被改变,因此编译会出错
```

为什么要使用常变量?通常,使用常变量有如下作用。

(1)减少在编写程序时发生修改了不应修改的数据的错误。例如,在程序中有许多地方

要使用圆周率 3.14，如果在每一处都直接写这个值，则不容易保证每处都不会写错；同时，如果需要增加该数据的精度，则需要修改每一处，这是非常不方便的。此时，可以定义常变量以克服这个困难，程序如下：

```
const double PI = 3.14;
```

（2）可以增强程序的可读性。如果在程序中直接写数值，可能会让人不容易理解这个数值的含义，而给这个数值起一个有意义的名字则有助于理解程序。在一个开发团队中，这是非常重要的。

（3）在一些情况下，函数的参数和返回值（特别是返回指针类型时）不希望被改变，此时可将它们声明为 const（注：此处的 const 是 C++ 的关键字）。

2.5 类 型

视频讲解

与 C 语言一样，C++ 语言中也有同样的一些基本的数据类型，如 int、char、float 和 double。另外，C++ 语言中同样有 void 类型、枚举类型、数组、结构体和联合体。C++ 语言中还有 bool 类型，其取值为 true 或 false，而在 C 语言中没有这个类型。这里仅介绍 C++ 语言中的 void 类型、数组和结构体的特点。

2.5.1 void 类型

在 C/C++ 语言中，void 类型有如下三种用途：

（1）用来声明函数无返回值。如果不指明函数的返回值类型为 void 类型，则函数的返回值类型默认为 int 型。

（2）用来指明函数的参数列表为空，此时可以省略 void。

（3）用来声明 void 类型的指针。

对于前两种用途，在 C++ 语言中并没有特殊的情况，但对于第三种却略有不同。

在 C 语言中，void 类型的指针是"通用"指针，它可以指向任何类型的数据，任何类型的指针都可以赋值给 void 类型的指针；反之，void 类型的指针可以赋值给任何类型的指针，虽然这在逻辑上说不通，因为 void 指针指向的空间中存储的数据不一定是被赋值指针所属的类型，例如，将 void 指针赋值给 int 类型的指针，但 void 指针指向的内存空间存储的数据不一定是 int 型的。

在 C++ 语言中，类型的检查更为严格、更为完善。虽然任何类型的指针都可以赋值给 void 类型的指针，也就是说 void 类型的指针可以指向任何类型的数据，但反之则不行。如果要把 void 类型的指针赋值给其他类型的指针，则需要进行显式类型转换。如下面的程序所示：

```
int i = 0;
void * pv = &i;        //正确,void指针可以指向任何类型的数据
int * p = pv;          //在C++语言中错误,不能将void类型的指针赋给其他类型的指针
int * p2 = (int *)pv;  //正确,进行了显式类型转换
```

2.5.2 数组

C++ 语言中的数组与 C 语言中的数组差别不大，不过由于在 C++ 语言中对类型的检查更严格，所以在使用指针指向数组时也更严格，特别是指向多维数组的指针。例如，对于数组"int b[2][3];"而言，能够直接用一个 int 类型的指针指向这个数组吗？就像语句"int * p=b;"一样？在 C 语言中这样做是可以的，但在 C++ 语言中却不可以，因为 p 的类型是"int *"，而 b 的

从 C 语言到 C++ 语言

第一个元素的类型是一个数组类型"int [3]"。因此,为了用一个指针指向数组 b,需要定义一个指向具有三个元素的一维整型数组的指针,即定义语句应该是"int (* p)[3] = b;"。注意,此处的圆括号不能少,否则就成了具有三个元素的指针数组了。同理,三维数组"int c[10][6][8];"共有 10 个元素,每个元素都是一个 6×8 的二维数组。因此,一个能够指向该三维数组的指针的定义语句应该是"int (* p)[6][8] = c;"。

2.5.3 结构体

有时候一组数据之间有密切的联系,例如在描述人时,需要有姓名、性别、出生年月日等,此时有必要将它们组合成一个有机的整体,这就需要一种用户自定义类型——结构体。在 C 语言中使用结构体的方法也适用于 C++语言,其一般格式如下:

```
struct 结构体名
{
    成员列表;
}变量列表;
```

例如,用来描述人的结构体可以定义如下:

```
struct PERSON
{
    char   name[20];              //姓名
    char   sex;                   //性别
    int    year;                  //出生年份
    int    month;                 //出生月份
    int    day;                   //出生日
};
PERSON zhangsan;
```

上面定义了一个名为 PERSON 的结构体,又定义了一个名为 zhangsan 的 PERSON 类型的变量。注意,在 C 语言中,语句"PERSON zhangsan;"的前面需要加上 struct 关键字,但在 C++语言中不需要。

结构体通常用来描述一种数据类型,该数据类型由一组相关的数据组合而成,且通常结构体只是描述数据的静态特征(即只包含一组相关联的数据),而不包含在该数据上的动态行为(即处理该数据的相关函数)。但在 C++语言中,结构体具有更为强大的功能,例如,可以对结构体中的数据做访问控制、可以包含操作该数据类型的函数等。示例程序如下:

```
struct PERSON
{
private:
    char name[20];                //姓名
    ...
public:
    const char * get_name();
    ...
};
```

此时,结构体具有更丰富的含义,因此,C++语言提供了一个新的关键字 class,即类。类是面向对象程序设计的核心概念之一,会在第 3 章详细介绍。这里要指出的是,在 C++语言中,类和结构体的区别仅在于其对数据和函数的默认访问控制不同:在结构体中,默认是公有访问,即默认使用上面程序中的 public 关键字;在类中,默认是私有访问,即默认使用上面程序中的 private 关键字。

2.6 函　　数

C++语言中函数的声明形式如下：

```
返回值类型 函数名(参数表);
```

如声明将两个整型参数相加的 add()函数的程序如下：

```
int add(int x, int y);
```

下面从函数参数的引用传递、函数重载和函数的默认形参值三个方面介绍 C++语言中的函数。

2.6.1　引用传递

引用是一种特殊的声明，可以用来限定变量的类型。如果在声明一个变量的同时将它声明为另一个变量的引用，则意味着这两个变量等同于一个变量，即声明为引用的变量是它所引用的变量的别名。下面的程序中将变量 ri 声明为变量 i 的引用。

```
int i = 0, j = 1;
int & ri = i;          //ri 是一个 int 类型的引用,它引用的变量是 int 类型的 i
ri = 10;               //相当于 i = 10
ri = j;                //相当于 i = j
```

使用引用时必须注意下面两个问题。

(1) 定义一个引用时，必须同时对它初始化，即明确它所引用的变量。

(2) 引用类型的变量所引用的那个变量只能在初始化时指定，指定之后不能修改（实际上也没法修改）。

实际上，编译器对引用类型的变量自动地按照指针常量的形式进行了变换，编译器变换上面声明引用变量 ri 的语句如下：

```
int * const ri = &i;
```

这样，就可以很清楚地看到 ri 是一个常变量，该常变量是一个指针常量，并且该指针指向一个 int 型数据。因为 ri 是常变量，所以声明时必须要初始化，也因此不能在声明之后修改它的值。这就很好地解释了为什么对引用类型的变量有前面两条限制。

同理，编译器将前面给引用变量 ri 赋值的语句自动地改写为：

```
* ri = 10;
* ri = j;
```

综上，编译器把"引用"改成了"指针"，所做的变换如下：

(1) 将引用运算符"&"转换成指针运算符"* const"。

(2) 在定义引用类型的变量时对右值取地址。

(3) 对于函数的形参，如果它是引用类型，则形参和实参结合时对实参取地址。

(4) 对于使用引用变量的语句，在引用变量前加"*"。

总之，编译器自动地把"引用"改成了"指针常量"。

使用引用类型可使程序变得简洁、容易理解。使用引用类型的形参如例 2.2 所示。在该例中,swap()函数完成两个数据的交换:函数中是交换形参的值,但由于形参是引用类型,因此实际上完成了实参的交换。在本例中,交换前变量 x 等于 5,变量 y 等于 10;交换后变量 x 等于 10,变量 y 等于 5。

【例 2.2】 使用引用类型的形参。

```
1.      # include < iostream >
2.      using namespace std;
3.      void swap( int & a, int& b)
4.      {
5.          int t;
6.          t = a;
7.          a = b;
8.          b = t;
9.      }

10.     int main()
11.     {
12.         int x(5), y(10);
13.         cout << "x = " << x << " y = " << y << endl;
14.         swap(x,y);
15.         cout << "x = " << x << " y = " << y << endl;
16.         return 0;
17.     }
```

例 2.3 说明了函数返回引用类型的情况,此时可直接给函数调用后的返回值赋新值:变量 x 和变量 y 的初值分别是 2 和 5;在调用 larger()函数之后给其返回值加 5,由于变量 y 的初值较大且 larger()函数的形参和返回值都是引用类型,因此实现了将变量 y 的值增 5 的功能,因此程序最后一行的输出为"x = 2 y = 10"。

【例 2.3】 函数返回引用类型。

```
1.      # include < iostream >
2.      using namespace std;
3.      int & larger( int & a, int & b)
4.      {
5.          return a > b ? a : b;
6.      }
7.      int main()
8.      {
9.          int x = 2, y = 5;
10.         cout << "x = " << x << " y = " << y << endl;
11.         cout << (larger(x, y)  += 5) << endl;
12.         cout << "x = " << x << " y = " << y << endl;
13.         return 0;
14.     }
```

函数返回引用类型的数据是经常用到的,因为返回值经常需要作为左值。需要注意的是,不能将非静态局部变量按引用类型返回,因为在函数返回后,该局部变量已经不存在了,从而返回值也不能作为左值。例如,例 2.3 中,将 larger()函数改为如下形式时将会出现警告。

```
int & larger( int & a, int & b)
{
```

```
    int i = a > b ? a : b;
    return i;        //因为 i 为局部变量且返回值为引用类型,所以编译时会有警告
}
```

使用引用传递的主要情形如下:

(1) 用于传递大量数据。因为引用传递被自动转换为指针传递,这能够减少复制数据的开销。

(2) 用于返回一个内存空间作为左值。例如,上面的 larger() 函数,为了能够给其返回值赋值,需要使用引用(或采用相应的指针形式,但比较麻烦)。

2.6.2 函数重载

在面向对象程序设计中,成员函数是对类的行为的描述。对于同一个类,存在这样一种情况:虽然它执行的动作的称谓是相同的,但在不同的情况下执行的过程却是不同的。对于普通的函数也是如此。例如,已知两个数,要求把它们加起来。此时,如果这两个数是整数,那么可以用整数的加法运算完成计算;如果已知的数是虚数,那么可以用虚数的加法运算来完成计算。对于这样的"把两个数相加"的要求,可以把它们抽象成函数。不过,由于执行过程不同,在 C 语言中需要使用不同的函数名来完成,如下面的函数声明所示(假设 complex 是已定义好的表示虚数的类型)。

```
int add_int(int a, int b);
complex add_complex(complex a, complex b);
```

显然,这样设计不利于阅读和使用。为解决此类问题,在 C++ 语言中引入了函数重载的概念,即允许声明同名的函数。对于一个函数调用,编译器根据实参和形参的类型、个数及顺序自动确定调用哪个同名函数。例如,上面两个函数可重新声明如下:

```
int add(int a, int b);
complex add(complex a, complex b);
```

在调用函数时,根据实参的类型来选择调用哪个函数:如果实参是整型,则调用第一个函数版本;如果实参的类型是虚数,则调用第二个函数版本。

实际上,编译器在编译 C++ 语言的源程序时自动重命名了重载函数,重命名的方式大致是函数名加上参数类型列表,如上面两个函数会被重命名为类似于下面的形式。

```
int add_int_int(int a, int b);
complex add_complex_complex(complex a, complex b);
```

而对于调用语句"add(1, 2);"则会自动变为"add_int_int(1, 2);"。通过这种方式,编译器能够确定需要调用函数的哪个重载形式。

从上面的程序也可看出,在使用函数重载时要注意:尽管函数名可以相同,但形参的类型、个数及顺序一定要有不同,否则编译器就无法确定到底该调用哪个函数。另外,函数的返回值类型不能用来区分函数的重载形式,因为在调用函数时常常不关心返回值,从而编译器也无法利用返回值的类型来确定该调用哪个函数。示例程序如下:

```
int   add(int x, int y){ ... }          //第一行函数
float add(float x, float y){ ... }      //参数类型不同,与第一行的函数构成重载
int   add(int x, int y, int z){ ... }   //参数个数不同,与前两行的函数构成重载
```

```
int    add(int a, int b){ ... }          //与第一行的函数只是形参名不同,重载出错
void   add(int x, int y){ ... }          //不以返回值区分函数,重载出错
```

2.6.3　默认形参值

在 C++语言中,函数的参数可以有默认值,其声明形式和使用方法如下:

```
int add(int x = 5, int y = 6)
{
    return x + y;
}
int main()
{
    add(10, 20);          //用实参进行形实结合,实现 10 + 20
    add(10);              //形参 x 采用实参值 10,形参 y 采用默认值 6,实现 10 + 6
    add();                //x 和 y 都采用默认值,从而实现 5 + 6
    return 0;
}
```

使用默认形参值时必须按从右向左的顺序声明,也就是说,在有默认值的形参的右边,不能出现无默认值的形参。下面程序均错误地使用了默认形参值。

```
int add(int x = 1, int y = 5, int z);
int add(int x = 1, int y, int z = 6);
```

一般地,默认形参值应该在函数原型中给出,而在实现时不给默认值。事实上,在写好程序提供给其他程序员使用时,头文件是可见的,而程序的编译单元通常都会编译成库文件,从而其具体实现方式是不可见的,因此在函数实现时给出默认形参值没有意义。另外,在相同的作用域内,默认形参值的说明应保持唯一;但如果在不同的作用域内,则允许说明不同的默认形参值。如下面的程序,其输出为"73"。

```
# include < iostream >
using namespace std;
int add(int x = 1, int y = 2)
{
    return x + y;
}

void func()
{
    cout << add() << endl;          //使用全局的默认形参值声明,实现 1 + 2
}

int main()
{
    int add(int x = 3, int y = 4);
    cout << add();                  //使用局部的默认形参值声明,实现 3 + 4
        func();
    return 0;
}
```

当使用具有默认形参值的函数重载形式时,需要注意避免二义性。例如,有函数原型如下:

```
int add( int i, int j = 2, int k = 3);
int add( int m);
```

根据判断函数重载的方法,这两个函数的声明是合法的,但它们会造成调用的歧义,例如,语句"add(1);"就会造成无法判断到底该调用哪个函数的情况,从而会造成编译错误。

2.7　动态内存分配

堆内存的使用方法是程序员必须掌握的技能。C++语言中的动态内存分配与 C 语言中的有许多不同:首先,在 C++语言中推荐使用新的运算符 new 和 delete;其次,C++语言支持面向对象程序设计,在为对象、对象数组分配动态内存时需要初始化对象,此时必须使用 new 运算符而不能使用 C 语言中的 malloc()函数。

运算符 new 用来在堆上申请内存,并返回申请到的内存块的首地址(包含类型信息)。通常,会把这个返回值赋值给一个同类型的指针变量。假设类型为 T,则其用法如下:

```
T * p = new T;
T * p = new T(初值);
T * p = new T[下标];                  //注意:这种情况下无法传递初始化参数
T ( * p) [下标 2] = new T[下标 1][下标 2];
T ( * p) []... = new T[][]...;
```

示例程序如下:

```
int * p1 = new int;                   //申请一个整型值的内存,但不初始化
int * p2 = new int(5);                //申请内存并初始化为 5,注意圆括号
int * p3 = new int[10];               //申请 10 个 int 型数据的空间(无法传递初始化参数)
int ( * p4) [10][20] = new int[5][10][20];
```

delete 运算符用来回收 new 运算符申请的内存,只有两种用法,如下面的程序,其中 p1、p2、p3 和 p4 见前面程序中的定义。

```
delete p1;
delete p2;
delete [] p3;
delete [] p4;
```

可见,如果用 new 运算符申请了一个数组的空间,则在回收时需要在 delete 运算符和指针变量之间加上方括号,否则可能出现不能正确回收内存的情况。

2.8　小　　结

本章介绍了从 C 语言转到 C++语言时需要注意的内容,目的是使读者能够快速掌握 C++语言的一些特点,能够在 C++语言的编译环境下顺利地写出合乎语法的程序,同时也为学习面向对象程序设计做必要的准备。总结起来,相对于 C 语言,本章介绍的 C++语言的新内容如下所述。

(1) 对语法的检查更加严格,例如对常变量、void 类型的限制更加明确合理。

(2) 引入了域和名字空间,可以更方便地解决标识符冲突的问题,为大型程序的编写提供了很好的支持。

（3）结构体中不仅可以有数据,而且可以有函数,还可以通过 public、protected 和 private 控制这些数据成员和函数成员的访问权限。

（4）引用是新引入的一种变量引用方式,它实际上是一个指针,但对程序设计者来说又省去了对指针细节的了解。引用变量是其所引用的变量的别名,对引用变量的操作均是对其所引用的变量的操作。

（5）函数重载的本质是允许函数同名,但不允许参数表也同时相同。编译器根据函数名和参数表来确定调用哪个同名函数。C++语言允许为形参设定默认值,此设定需要从右向左进行,即出现在具有默认形参值的形参的右边的参数均必须有默认值。另外,调用函数时要注意避免因默认形参值的存在而造成调用混淆。

（6）在使用堆内存方面,C++语言定义了 new 和 delete 两个运算符。使用堆内存时运用这两个运算符是更安全的,因为在使用 new 运算符为对象申请内存时,不但会申请内存,还会提供初始化所申请内存的机会;使用 delete 运算符回收一个对象指针指向的堆内存时,不仅会回收对象本身所占用的内存,而且还为回收对象所使用的堆内存提供一个机会。关于类和对象,将在第 3 章介绍。

2.9 习　　题

1. 名字空间的用途是什么?
2. 改正下面程序中的错误:

```
//file: test.h
# pragma once
# include < iostream >
using namespace std;
namespace Test { void fun(); }

//file: main.cpp
# include "test.h"
using namespace Test;
void fun() { cout << "I love C++!" << endl; }

int main(void)
{   fun();
    return 0;
}
```

3. 使用标准输入输出流对象 cin 和 cout 编写程序实现下面的功能:从键盘输入年份和月份,然后输出对应的月历。例如 2020 年 12 月的月历如下:

日	一	二	三	四	五	六
		1	2	3	4	5
6	7	8	9	10	11	12
13	14	15	16	17	18	19
20	21	22	23	24	25	26
27	28	29	30	31		

4. 什么是引用类型? 举例说明函数形参和返回值使用引用类型和使用值类型在运行上的不同。

5. 什么是函数重载？举例说明什么是合法的重载，什么是不合法的重载。

6. 函数的默认形参值的使用规则是什么？举例说明使用函数默认形参值的方法，包括因使用默认形参值造成调用歧义的情况。

7. 改正下面程序 main() 函数中的错误。

```cpp
# include < iostream >
# include < cstring >
using namespace std;
void print(int count, int i = 0)
{   for(int k = 0; k < count; ++k)
    {   cout << i * i << ' ';
        ++i;
    }
}

void print(int count, char * s = "I love C++!")
{   int len = 0;
    if(s != NULL)
        len = strlen(s);
    if(count > len)
        count = len;
    for(int i = 0; i < count; ++i)
        cout << s[i];
}

int main()
{   print(5);
    return 0;
}
```

8. 写出下面程序的输出。

```cpp
# include < iostream >
# include < cstring >
using namespace std;
int func( int & i) { return i++; }
int main()
{   int i = 0;
    func(i);
    cout << i << endl;
    return 0;
}
```

9. 写出下面程序的输出。

```cpp
# include < iostream >
using namespace std;
char * inc(char * c) { return ++c; }
char & inc(char & c) { return ++c; }
int main()
{   char buf[16] = "IloveC++!";
    char * p = buf;
    for (int i = 0; i < 4; i++)
    {   p = inc(p);
```

```
        inc( * p);
    }
    cout << buf << endl;
    return 0;
}
```

10. 写出下面程序的输出。

```
#include< iostream >
using namespace std;

int add( int x, int y = 2, int z = 3)
{
    return x + y + z;
}

int func()
{
    return add(1);
}

int main()
{
    int add( int x, int y = 3, int z = 4);
    cout << add(1);
    cout << func() << endl;
    return 0;
}
```

视频讲解

11. 定义一个保存学生信息的结构体 STUDENT，包含的学生信息有学号、姓名、专业和平均分。其中学号和平均分使用整型，姓名和专业使用字符型数组。使用动态数组存储学生信息，并编写菜单，实现学生信息的录入、删除和显示功能。由于录入学生的数量未知，因此要使用 new 运算符实现动态内存的分配、使用 delete 运算符实现动态内存的回收。另外，使用标准流对象 cin 和 cout 完成数据的输入输出；使用函数重载（例如添加学生到数组时可以采用不同的参数列表，显示学生信息时可以指定成绩区间等）、默认形参、引用变量。以上功能实现在自定义的名字空间中。

第3章　类与对象

类的封装是面向对象程序设计的一个基本特征。本章首先讲解在 C++语言中如何定义类和如何使用对象以及相关的问题；然后介绍类间的关系及其在 C++语言中的实现；最后简单介绍如何从实际问题中抽象出类，建立类模型，并使用 C++语言编程实现。

3.1　类的定义与对象

面向对象程序设计的一项基本任务是创建带有适当功能的类，隐藏不必要的细节。类首先表现为对一个抽象概念的封装，即将这个概念的属性和方法结合，形成一个称为"类"的整体，其中的属性（数据成员）和方法（函数成员）都是类的成员。类定义的一般形式如下：

```
class 类名称
{
public:
    公有接口(包括属性和方法,但一般是方法,在类外可以访问)
protected:
    受保护成员(包括属性和方法,在类外不能被访问)
private:
    私有成员(包括属性和方法,在类外不能被访问)
};                //与定义结构体一样,最后以分号结束
```

其中，class 是定义类的关键字，public、protected 和 private 是声明成员访问级别的关键字，分别表示公有、受保护和私有。从 public 关键字开始到遇到另一个关键字或到类定义结束，其间的成员都是公有成员，可以从类的外部访问它们（一般是在类的实现之外通过对象访问它们），也可以从类的内部访问它们，即在类的函数实现中访问它们；从 protected 关键字开始到遇到另一个关键字或到类定义结束，其间的成员都是受保护成员，可以从类的内部访问，不能从类的外部访问；从 private 关键字开始到遇到另一个关键字或到类定义结束，其间的成员都是私有成员，可以从类的内部访问它们，不能够从类的外部访问它们。protected 和 private 访问级别的区别在于类的继承过程中对派生类的影响不同，这将在第 6 章介绍类的继承时详细介绍。另外，类中默认的访问级别是私有的。这些关键字可以重复使用。

以上仅声明了类的格式，要完成类的定义，还需要为它的成员函数提供具体的实现。例如下面的程序定义了一个 Clock 类，同时实现了成员函数。在 main() 函数中，通过对象 c 调用 set_hour() 等函数来设置其对应数据成员的值。注意，这里不能直接给 m_H 等三个数据成员赋值，就像语句"c. m_H = 0;"那样，因为这三个数据成员是私有的，无法从类的外部访问；但在 set_hour() 等函数的实现中可以访问它们，因为这些程序在 Clock 类的内部。这段程序也演示了类定义中不仅仅可以有数据成员，而且可以有函数成员；同时也演示了设定类内部成员的访问级别的方法，即关键字 public 和 private 用来完成这个设定；另外，类中的成员具有

"类作用域",即它们在类内部有效,在类内部可以自由访问,在形式上不必"先定义后使用",例如在 set_hour()函数中可以访问 m_H 变量,而该变量是在下面的 private 部分定义的。

```cpp
# include < iostream >
using namespace std;
class Clock                        //使用 class 关键字开始定义一个 Clock 类
{
public:                            //以下是 public 成员
    void set_hour(int h) { m_H = h; }
    int   get_hour() { return m_H; }
    void set_minute(int m) { m_M = m; }
    int   get_minute() { return m_M; }
    void set_second(int s) { m_S = s; }
    int   get_second() { return m_S; }
    void show() { cout << m_H << ":" << m_M << ":" << m_S << endl; }
private:                           //以下是 private 成员
    int m_H;
    int m_M;
    int m_S;
};

int main()
{
    Clock c;                       //定义一个 Clock 类型的变量 c(或者说 Clock 类型的对象 c)
    c.set_hour(0);                 //通过 set_hour()函数设置 c 的数据成员 m_H
    c.set_minute(0);               //通过 set_minute()函数设置 c 的数据成员 m_M
    c.set_second(0);               //通过 set_second()函数设置 c 的数据成员 m_S
    c.show();                      //通过 show()函数显示 c 表示的时间: 0:0:0
    return 0;
}
```

上面的 Clock 类是非常简单的,其数据成员都是基本的数据类型,也不涉及动态内存的使用,因此也不涉及太多需要注意的关于封装的事项。下面以字符串类为例来说明类的封装中需要涉及的内容。

对于一个字符串类来说,给需要保存的字符串留出空间、获取字符串的长度、设置字符串的值、读取字符串的值、连接两个字符串等是对该类的基本要求,因此,一个简单的字符串类 MyString 的定义如例 3.1 所示。在该类中只封装了一个字符指针 m_pbuf。注意,这只是一个很粗浅的例子。在本章,随着内容的深入,会不断完善该类,最终形成一个比较完善的字符串类 MyString。

【例 3.1】 一个简单的字符串类 MyString 的定义。

```cpp
1.    //file: MyString.h
2.    # ifndef __MYSTRING_H__
3.    # define __MYSTRING_H__

4.    # include < iostream >
5.    using namespace std;

6.    class MyString
7.    {
8.    public:
```

```cpp
9.      //取得字符串的首地址
10.     const char * get_string(){ return m_pbuf; }

11.     //将指针 p 指向的字符串保存在 MyString 类中
12.     const char * set_string(const char * p = NULL);

13.     //将指针 p 指向的字符串追加到原有字符串之后
14.     const char * append(const char * p = NULL);

15.     //将对象 s 中的字符串追加到当前对象的字符串之后并返回对象
16.     MyString & append(MyString & s);

17.     //取得保存的字符串的长度
18.     int get_length(){ return strlen(m_pbuf); }
19. private:
20.     char * m_pbuf;
21. };

22. #endif

23. //file: MyString.cpp
24. #include "MyString.h"

25. const char * MyString::set_string(const char * p)
26. {
27.     delete [] m_pbuf;                    //要设置新内容,需删除原有的内容

28.     if(NULL == p)                        //指针 p 为空时申请一个字节的空间并初始化为零字符
29.         m_pbuf = new char('\0');
30.     else                                 //否则申请恰好的空间并复制指针 p 指向的内容
31.     {
32.         int len = strlen(p) + 1;
33.         m_pbuf = new char[len];
34.         strcpy_s(m_pbuf, len, p);
35.     }

36.     return m_pbuf;
37. }

38. const char * MyString::append(const char * p)
39. {
40.     //只有在指针 p 不为空指针时才需要执行字符串追加的功能.在追加字符串时,需要先申
41.     //请足够的内存空间,然后把原有的字符串内容和指针 p 指向的内容复制到新申请的内存
42.     //中,最后删除原来占用的内存空间,并修改指针 m_pbuf 使其指向新申请的内存空间
43.     if(NULL != p)
44.     {
45.         int len = strlen(m_pbuf) + strlen(p) + 1;
46.         char * tmp = new char[len];
47.         sprintf_s(tmp, len, "%s%s", m_pbuf, p);
48.         delete [] m_pbuf;
49.         m_pbuf = tmp;
50.     }

51.     return m_pbuf;
```

```
52.    }

53.    MyString & MyString::append(MyString & s)
54.    {
55.        //此种情况下,对象 s 中的指针 m_pbuf 肯定不为空,所以直接执行字符串追加的功能
56.        int len = strlen(m_pbuf) + strlen(s.m_pbuf) + 1;
57.        char * tmp = new char[len];
58.        sprintf_s(tmp, len, "%s%s", m_pbuf, s.m_pbuf);
59.        delete [] m_pbuf;
60.        m_pbuf = tmp;

61.        return * this;
62.    }
```

从这段程序可以看出,对于类的函数成员,其实现可以写在类的声明内部,如函数 get_string()和 get_length()一样;也可以写在外部,如函数 set_string()和 append()一样。当函数体在类的声明外部时,需要在函数名的前边加上类的名字和域作用符,如"MyString∷set_string()",用来限定 set_string()函数不是一个普通的函数,而是类 MyString 中的一个成员函数。为增加程序的可读性,通常把函数的实现写在类的声明外部。注意,在这里,set_string()和 append()函数实现在文件 MyString.cpp 中;如果要在类声明外实现在头文件 MyString.h中,则需要将它们声明为内联函数,否则容易出现函数重定义的错误。内联函数将在 3.2.6 节介绍。

C++语言中的 class 与传统的 struct 有联系更有区别,不过,在 C++语言中,两者的区别并不大。事实上,在 C++语言中,struct 与 class 只有在其成员的默认访问级别上有区别:struct 中的成员默认是公有访问的,而 class 中的成员默认是私有访问的。

例 3.1 中的函数"MyString & append(MyString & s)"的实现中,最后返回的是"* this"。这是什么意思呢? 这就需要了解 this 指针。在类的实现中,this 是一个隐含的指针,该指针指向当前的对象,即调用该类的成员函数的对象。编译器添加 this 指针的基本过程如图 3.1 所示。首先,对于函数的实现,编译器将 this 指针添加到函数的参数表中作为最左边的参数,且对类成员均通过该 this 指针访问;其次,对于通过对象调用成员函数的语句,编译器将该对象的地址作为对应函数的实参。

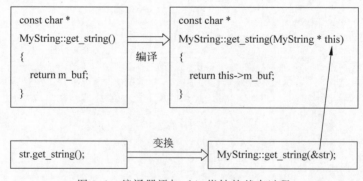

图 3.1 编译器添加 this 指针的基本过程

另外,类的成员函数与普通的函数一样,可以有默认形参值。对于成员函数的返回值和形参,合理使用 const 可以提高程序的可读性和健壮性,例如,例 3.1 中的"const char * append(const char * p = NULL)"函数,因为希望修改对象的内容时只能通过对象的公有函数来完

成,所以该函数返回 const 的字符指针,从而不允许通过该指针修改字符串的内容。假设 str 是 MyString 类型的变量,则下面的语句会出现编译错误。

```
strcpy_s(str.append(), 25, "I can modify this, haha!");
```

如果上面 append() 函数的返回值是非 const 的字符指针,则可以通过上面的语句改变对象 str 的内容,这样就可能造成错误,也破坏了封装性。

再如例 3.1 中的函数"MyString & append(MyString & s)",其返回值是一个对象的引用,并且没有 const 修饰,因此可以对该返回值做进一步的处理(这是合理的)。假设 str 是 MyString 类型的变量,则下面的语句能够正确执行。

```
(str.append(str)).append("I can modify this! It's right!");
```

以非 const 形式返回对象的引用是常见的一种形式,因为这允许像上面一样对该对象连续地进行处理;如果返回的是 const 形式的对象的引用,则上面的语句会出现编译错误。

最后,类的成员函数是该类的所有对象共享的。也就是说,在定义类的一个对象时,该对象占用的内存的大小由其数据成员决定,而与其函数成员占用内存大小无关。例如,对于例 3.1 中的 MyString 类的对象,其大小是 m_pbuf 指针的大小,也就是一个整型值占用的字节数。假设 str 是 MyString 类型的变量,则下面的语句输出的数值都是 sizeof(int) 大小。

```
cout << sizeof(MyString) << '\t' << sizeof(str) << endl;
```

类定义好之后,就意味着定义了一个新的数据类型,因此,就可以使用它来定义变量了,就像定义其他基本数据类型的变量一样。类的变量称为对象,通过它可以访问类的公有数据成员和调用它的公有函数,就像访问结构体的成员一样。使用例 3.1 定义的 MyString 类如例 3.2 所示。然而运行该例就会发现程序无法运行,其原因是 MyString 类型的对象 str 中的数据成员 m_pbuf 没有初始化,从而成为一个"野指针"(见第 9 行);在为对象 str 赋值而调用的 set_string() 函数中首先需要回收 m_pbuf 指向的空间,此时因 m_pbuf 是一个"野指针"而出错。然而,如何才能初始化对象 str 的数据成员呢?这就需要介绍类的构造函数,并由此进一步,需要介绍析构函数、复制构造函数和赋值运算符函数。

【例 3.2】 使用例 3.1 定义的 MyString 类。

```
1.    //file: main.cpp
2.    #include<iostream>
3.    #include"MyString.h"
4.    using namespace std;

5.    int main()
6.    {
7.      for (int i = 0; i < 1; i++)
8.      {
9.        MyString str;
10.       cout << "类的大小: " << sizeof(MyString) << endl;
11.       str.set_string("I love C++, ");
12.       cout << "字符串长度: " << str.get_length() << "\t"
              << str.get_string() << "\t"
              << "对象大小: " << sizeof(str) << endl;
13.       str.append("yeah!");
```

```
14.            cout << "字符串长度: " << str.get_length() << "\t"
                   << str.get_string() << "\t"
                   << "对象大小: " << sizeof(str) << endl;
15.        }
16.    return 0;
17.    }
```

3.2 类中的成员

构造函数(constructor)、析构函数(destructor)、复制构造函数(copy constructor)和赋值运算符函数(assignment operator)对于类的设计非常重要,本节重点介绍它们。另外,对于一些特殊的应用情况,需要对类的成员进行更多的限定,主要包括内联函数、静态成员、常成员与常对象,这些内容也将在本节介绍。

视频讲解

3.2.1 构造函数

如前所述,解决初始化类的数据成员的问题需要用到构造函数。类的构造函数是一类特殊的函数,这类函数的名字必须与类名相同且没有返回值——返回 void 类型也不行。除此之外,构造函数可以被重载、可以被声明为私有函数或受保护函数,但为了能够动态定义类的对象——在栈中或堆中定义对象,至少需要有一个公有的重载形式。例如,对于 MyString 类,下面的构造函数的声明都是可以的。

```
class MyString
{
public:
    MyString();                   //不带参数的构造函数,也是默认的构造函数
    MyString(const char * p);     //带一个参数的构造函数
    ...
};
```

对于构造函数,需要说明以下四点。

(1) 构造函数不能有返回值,即使返回值类型是 void 也不行。

(2) 在定义对象时会自动调用构造函数以完成对象的初始化。

(3) 如果在定义类时没有声明任何构造函数,则编译器会自动地为该类生成一个默认的构造函数,该构造函数不带任何参数且函数体为空,即不做任何初始化工作。在例 3.1 的 MyString 类中,编译器就自动产生了一个构造函数,其形式如下:

```
MyString::MyString()
{
}
```

显然,该实现形式没有初始化 MyString 类的数据成员 m_pbuf,因此该指针的取值无法预测,会成为"野指针"。这也是造成例 3.2 无法运行的原因。

(4) 如果在定义类时声明了一个构造函数,不论这个函数的形式如何,编译器都不再提供构造函数。

例 3.3 中给出了 MyString 类的构造函数的两个重载形式。在这两个构造函数中,均初始化了 MyString 类的数据成员,使 m_pbuf 不再是"野指针",从而完善了例 3.1 定义的 MyString 类,解决了例 3.2 无法运行的问题。另外,MyString 类的大小和其对象的大小是相

同的(例3.2的第10、12、14行),在32位平台下均为4字节,这是因为MyString类中仅有一个指针类型的数据成员,而该指针指向的字符串的大小不影响类或对象本身的大小。

【例3.3】 MyString类的构造函数的两个重载形式。

```
1.    //file: MyString.h
2.    #ifndef __MYSTRING_H__
3.    ...
4.    class MyString
5.    {
6.    public:
7.        MyString();                      //不带参数的构造函数,也是默认的构造函数形式
8.        MyString(const char * p);        //带一个参数的构造函数
9.        ...
10.   };

11.   #endif

12.   //file: MyString.cpp
13.   ...

14.   MyString::MyString()
15.   {
16.       m_pbuf = new char('\0');
17.   }

18.   MyString::MyString(const char * p)
19.   {
20.       if(NULL == p)
21.           m_pbuf = new char('\0');
22.       else
23.       {
24.           int len = strlen(p) + 1;
25.           m_pbuf = new char[len];
26.           strcpy_s(m_pbuf, len, p);
27.       }
28.   }
```

在例3.3中,共实现了两个版本的构造函数:一个不带参数的构造函数和一个带一个字符指针参数的构造函数。当定义对象时,编译器会自动添加调用正确的构造函数的指令。下面的程序说明了调用构造函数的几种情形。

```
MyString str;                    //调用不带参数的构造函数初始化 str
//下面两句都是调用 MyString(const char * )进行初始化的
MyString str2("I love C++, yeah!");
MyString str3 = "I love C++, yeah!";
MyString str4[5];                //调用不带参数的构造函数初始化每个对象,共调用 5 次
                                 //分别初始化 str4[0]至 str4[4]
```

这里需要强调的是,在调用默认的构造函数的对象后没有圆括号,例如,在上面程序的第一行,不能想当然地写成"MyString str();",因为这样写是声明了一个函数原型,其返回值类型为MyString,函数名为str且不带参数。

使用上面提供的构造函数的MyString类,例3.2可以正常运行结束,看似没有问题了,但是请注意,在该类的实现中只是用new运算符动态申请了内存空间,并没有释放它们,因此就会造成内存泄漏的问题,即如果将该例中的循环次数设置得足够大(例3.2的第7行),就会很

快造成内存不足,最终导致系统崩溃。为解决内存泄漏问题,需要设计类的析构函数。

3.2.2 析构函数

程序运行时使用的内存都有分配的时刻和回收的时刻。对于栈段中的内存,其分配和回收均由编译器处理;对于数据段中的内存,其空间会在程序运行时分配、在程序结束前回收;对于堆中的内存,其产生时刻和回收时刻均由程序员管理,如果在回收堆中的某块内存之前释放了所有指向该块内存的指针,则堆中的该块内存再也无法回收,从而也无法再次被利用,造成内存泄漏。

内存泄漏是一个非常严重的问题,如果不断地运行一段存在内存泄漏的程序,则可能会造成程序崩溃。对于类来说,如果其数据成员没有指向堆内存的指针,则不必担心该对象内部会因数据成员的不当使用而造成内存泄漏;但如果存在指向堆内存的指针,则必须在对象消失之前回收其使用的堆上的内存空间;类的析构函数为完成这个工作提供了一个机会。

与构造函数完成对象的初始化工作相对应,析构函数完成对象消失前的清理工作,其中最重要的就是堆内存的回收工作。析构函数的函数名是在类名之前加上符号"～",且其不接受任何参数,也没有返回值。在对象消失之前一定会先调用析构函数,且在调用完之后对象就消失了。当没有显式给出析构函数时,编译器会自动给出一个默认的析构函数,只不过该析构函数什么事情也不做。为了保证对象能够调用析构函数,它必须声明为 public 的访问等级。例如,对于上面的 MyString 类,编译器自动给出默认的析构函数形式如下:

```
class MyString
{
public:
    ...
    ～MyString();                //析构函数
    ...
};

MyString::～MyString()           //默认的析构函数实现——什么事情都不做
{
}
```

为解决上面 MyString 类的内存泄漏问题,必须重新设计类的析构函数而不能使用默认的析构函数。重新设计的析构函数实现如下:

```
MyString::～MyString()           //重新设计的析构函数,用于回收堆上的内存
{
    delete [] m_pbuf;            //m_pbuf 指针肯定是一个有效的指针,直接删除即可
}
```

与构造函数只能被自动调用不同,析构函数可以自动被调用,也可以由程序员显式调用。不过,尽管可以显式调用析构函数,但调用之后对象并不消失。例如,下面这段程序。

```
MyString str("I love C++, yeah!");
str.～MyString();                //调用析构函数之后对象 str 并不消失
```

不管之前是否调用过析构函数,在对象消失之前一定会自动调用析构函数。因此,上面程序的执行情况如下:在执行"str.～MyString();"时会将堆上的内存回收,从而 m_pbuf 指向的内存不再被程序管理;随后,在对象 str 因超出作用域而被析构时会自动调用析构函数,因

而会再次试图回收堆上的内存,但由于它们已经被回收,因此在又一次试图回收 m_pbuf 指向的内存时会造成运行时错误。所以,为保证对象占用的内存正确地被回收,要避免显式地调用析构函数。

关于构造函数和析构函数的调用时机,需要强调:在定义一个对象时会调用其合适的构造函数,在对象超出其生存期时会自动调用其析构函数。为明确这一点,改造上面 MyString 类的构造函数和析构函数,在其中加入输出内容如下:

```cpp
MyString::MyString()
{
    m_pbuf = new char('\0');
    cout << "MyString 的默认构造函数被调用" << endl;
}

MyString::MyString(const char * p)
{
    ...
    cout << "MyString 的有参构造函数被调用" << endl;
}

MyString::~MyString()
{
    delete [] m_pbuf;
    cout << "MyString 的析构函数被调用" << endl;
}
```

则执行例 3.2 的输出如下:

```
MyString 的默认构造函数被调用
类的大小: 4
字符串长度: 12   I love C++,       对象大小: 4
字符串长度: 17   I love C++, yeah!       对象大小: 4
MyString 的析构函数被调用
```

如果将例 3.2 的程序改为:

```cpp
...
int main()
{
    MyString str;
    MyString str2("I love C++, yeah!");
    MyString str3[3];
}
```

则程序的输出如下:

```
MyString 的默认构造函数被调用
MyString 的有参构造函数被调用
MyString 的默认构造函数被调用
MyString 的默认构造函数被调用
MyString 的默认构造函数被调用
MyString 的析构函数被调用
MyString 的析构函数被调用
MyString 的析构函数被调用
MyString 的析构函数被调用
MyString 的析构函数被调用
```

3.2.3 复制构造函数

对于构造函数,到目前为止,其参数还没有出现对象的值传递的情况,如下面的定义。

```
class MyString
{
public:
    ...
    MyString(MyString str);              //试图用对象 str 初始化当前对象(值传递)
    ...
};

//调用举例
MyString s("I love C++, yeah!");         //调用带参数的构造函数初始化
MyString str2(s);                        //试图使用对象 s 初始化对象 str2(值传递)
```

函数参数的传递方式有三种:值传递、指针传递和引用传递。在上面的程序中试图使用值传递的方式对当前对象初始化,然而这是行不通的。在说明为什么行不通之前,需要强调一下:在定义一个对象时必然会调用构造函数的一个重载形式;如果找不到合适的重载形式,则会出现编译错误。

下面来分析为什么在构造函数中采用对象值传递是行不通的。首先,假设值传递是行得通的,则上面的语句"MyString str2(s);"的执行过程如下:首先调用构造函数 MyString(MyString str),此时,实参对象 s 会与形参对象 str 结合(为清晰起见,记为 str^1),即用对象 s 去初始化对象 str^1;此时对象 str^1 还不存在,因此会进一步调用构造函数 MyString(MyString str),此时实参为对象 s 而形参为对象 str(为清晰起见,记为 str^2);对象 str^2 仍然是一个还不存在的对象,因此会继续调用构造函数 MyString(MyString str),而此时的实参是对象 s,形参为对象 str(为清晰起见,记为 str^3);对象 str^3 还是一个不存在的对象,需要继续调用构造函数 MyString(MyString str)进行初始化;如此循环,永无止境。

根据以上的分析,在构造函数中使用对象的值传递是不可行的,因此在构造函数中只能使用对象的指针传递和引用传递这两种形式。不过,因为指针传递的方式会直接涉及指针操作,使用起来烦琐,也需要程序员对指针有深入的理解,而采用引用传递的方式就显得比较简洁,所以 C++语言中规定默认使用对象的引用传递方式。使用对象的引用传递方式的构造函数是一个特殊的构造函数,由于其功能常常是实现对象的复制,因此称其为复制构造函数(或拷贝构造函数)。MyString 类的复制构造函数的声明形式如下:

```
MyString(const MyString & str);
```

如果没有编写复制构造函数,编译器会自动生成一个复制构造函数,且其实现的功能是"按位复制",即对每一个数据成员进行复制。MyString 类的默认复制构造函数的实现类似于下面的形式:

```
MyString::MyString(const MyString & str)
{
    m_pbuf = str.m_pbuf;                 //直接复制指针而不会复制其指向的内容
}
```

从上面的实现可以看出,默认的复制构造函数仅是复制数据成员,指针型数据成员也是如此,因此称默认的复制构造函数实现的复制为"浅复制"。这种实现会造成试图多次回收堆上

视频讲解

的内存,从而造成运行时错误。默认的复制构造函数造成运行时错误如例 3.4 所示。

【例 3.4】 默认的复制构造函数造成的运行时错误。

```
1.    //使用例 3.3 中的 MyString 的定义(添加上正确的析构函数)

2.    //file: main.cpp
3.    ...
4.    int main()
5.    {
6.      MyString str("I love C++, yeah!");
7.      {
8.        MyString str2(str);              //调用默认的复制构造函数实现浅复制
9.        cout << str2.get_string() << endl;
10.     }                  //超出了对象 str2 的生存期,故对象 str2 析构,其保存的字符串被删除
11.     cout << str.get_string() << endl;    //因数据已被删除而输出乱码
12.     return 0;          //此时析构对象 str,并因其中的 m_pbuf 所指向的内存在
13.                        //析构对象 str2 时已被回收而发生运行时错误
14.   }
```

在例 3.4 中,在使用对象 str 初始化对象 str2 时,由于 MyString 类中没有编写复制构造函数,因此使用了编译器自动提供的仅能实现浅复制的复制构造函数,从而在初始化对象 str2 之后,str 与 str2 两个对象的数据成员 m_pbuf 指向同一块堆内存空间。例 3.4 中执行"MyString str2(str);"(第 8 行)后对象 str 和对象 str2 的内存布局如图 3.2 所示;随后 str2 因超出了其生存期而自动调用 MyString 类的析构函数并回收了堆上的内存;在随后输出对象 str 的字符串时会因数据已经丢失而出现错误;最后,在程序结束之前因回收对象 str 占用的内存而调用 MyString 类的析构函数并试图再次回收堆上的内存时会造成运行时错误。

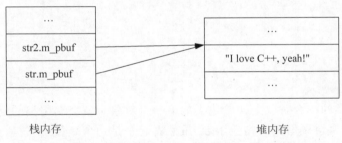

栈内存   堆内存

图 3.2　例 3.4 中执行"MyString str2(str);"后对象 str 和对象 str2 的内存布局

为了改正上述错误,就需要重新编写复制构造函数:首先在堆中分配合适的内存,然后复制正确的数据。程序如下:

```
MyString::MyString(const MyString & str)
{
    int len = strlen(str.m_pbuf) + 1;
    m_pbuf = new char[len];
    strcpy_s(m_pbuf, len, str.m_pbuf);
}
```

总的来说,当使用一个已存在的对象初始化一个刚刚产生的对象时,会调用复制构造函数。具体说来,有以下三种情况。

（1）当用类的一个对象去初始化该类的另一个对象时，程序如下：

```
int main()
{
    MyString str("I love C++, yeah!");
    MyString str2(str);            //此时会调用复制构造函数
    return 0;
}
```

（2）如果函数的形参是类的对象，则在调用该函数而引起形参实参结合时，程序如下：

```
void print(MyString str)
{
    cout << str.get_string() << endl;
}

int main()
{
    MyString str("I love C++, yeah!");
    print(str);                    //因形参为对象，所以形实结合时会调用复制构造函数
    return 0;
}
```

（3）如果函数的返回值是类的对象，则在函数执行完成返回调用者时，程序如下：

```
MyString get_info()
{
    MyString str("I love C++, yeah!");
    return str;                    //因返回值为对象，所以返回时会用对象 str 初始化返回值对象
}

int main()
{
    get_info();                    //此句执行完后，返回值对象会析构
    return 0;
}
```

本质上说，用类的一个对象去初始化类的另一个对象时就会调用类的复制构造函数，因此下面的第二个语句也会调用复制构造函数，虽然看起来是一个赋值运算。

```
MyString str("I love C++, yeah!");
MyString str2 = str;              //此时调用复制构造函数使用对象 str 初始化对象 str2
```

理解构造函数、析构函数、复制构造函数的调用时机对于理解封装是很重要的。在 3.2.2 节，已经在 MyString 类的两个构造函数和析构函数中加入了输出内容，现在再在该类的复制构造函数中加入输出内容，改写该函数如下：

```
MyString::MyString(const MyString & str)
{
    ...
    cout << "MyString 的复制构造函数被调用" << endl;
}
```

此时，考虑下面的程序。

```
MyString print(MyString str)
{
    cout << str.get_string() << endl;
    return str;
}

int main()
{
    MyString str1("I love C++, yeah!");
    MyString str2(str1);
    print(str2);
    return 0;
}
```

其输出如下：

```
MyString 的有参构造函数被调用
MyString 的复制构造函数被调用
MyString 的复制构造函数被调用
I love C++, yeah!
MyString 的复制构造函数被调用
MyString 的析构函数被调用
MyString 的析构函数被调用
MyString 的析构函数被调用
MyString 的析构函数被调用
```

3.2.4　赋值运算符函数

至此，在正确设计了构造函数、析构函数和复制构造函数及其他实现基本功能的函数之后，就得到一个基本可用的字符串类了。不过，为了得到更稳定、更便于使用的字符串类，需要在实现时进行完善的异常检查，还需要重载许多运算符。在后续章节会逐渐讲解这些内容。这里先介绍赋值运算符重载的问题：对于一个类，编译器会自动提供一个仅能实现浅复制的赋值运算符函数；如果该类使用了堆，则该赋值运算符函数会造成运行时错误，就像仅有浅复制功能的复制构造函数造成的错误那样。例如，如果程序中出现如下赋值语句，程序就会出现运行时错误。

```
MyString str("I love C++, yeah!"), str2;
str2 = str;     //由于没有设计赋值运算符函数，因此这里使用的是编译器提供的赋值运算符
                //函数的实现，仅能实现浅赋值，所以，在析构 str 和 str2 时会重复回收
                //保存字符串的空间，从而造成运行时错误；同时，还会造成内存泄漏
```

为说明该问题，需要知道，在 C++ 语言中的赋值运算是由赋值运算符函数完成的。对于目前的 MyString 类，编译器自动提供的赋值运算符函数的实现类似于下面的形式。

```
MyString & MyString::operator = (const MyString & s)
{
    if(this != &s)                  //防止自赋值
    {
        m_pbuf = s.m_pbuf;
    }
    return * this;
}
```

在这个实现中,仅完成了数据成员的复制,即便该数据成员是指针也是如此。这就会造成类似于默认的复制构造函数可能引起的浅复制问题,同时还会造成内存泄漏。

为解决该问题,就需要为 MyString 类重载赋值运算符函数。运算符函数重载将在第 4 章详细介绍,这里先给出 MyString 类的赋值运算符的重载形式。首先,在 MyString 类中声明赋值运算符函数原型如下:

```cpp
class MyString
{
public:
    ...
    MyString & operator = (const MyString & s);
    ...
};
```

然后给出其实现:在实现中首先检查是不是自身的赋值;如果不是自身的赋值,则首先回收原有的内存空间,然后申请合适的内存空间并复制数据。实现形式如下:

```cpp
MyString & MyString::operator = (const MyString & s)
{
    if(this != &s)            //防止自赋值
    {
        delete [] m_pbuf;
        int len = strlen(s.m_pbuf) + 1;
        m_pbuf = new char[len];
        strcpy_s(m_pbuf, len, s.m_pbuf);
    }
    cout << "MyString 的赋值运算符函数被调用" << endl;
    return * this;
}
```

3.2.5 组合类

视频讲解

设计好 MyString 类后,就可以像使用普通类型一样使用它了。例如,类的对象可以像普通的变量一样作为另一个类的数据成员。例如,MyString 类的对象作为 CStudent 类的数据成员,如例 3.5 所示。

【例 3.5】 MyString 类的对象作为 CStudent 类的数据成员。

```cpp
1.    //MyString 类的定义省略
2.    //注意:保留其构造函数、析构函数、复制构造函数和赋值运算符中的输出内容

3.    //file: student.h
4.    #pragma once
5.    #include"MyString.h"

6.    class CStudent
7.    {
8.    public:
9.        CStudent() { cout << "CStudent 的默认构造函数被调用" << endl; }
10.       CStudent(int num, const MyString & name,
                  const MyString & major, double score);
11.       ~CStudent() { cout << "CStudent 的析构函数被调用" << endl; }
12.       void set_number(int num) { number = num; }
```

```
13.    int get_number(){ return number; }
14.    MyString & set_name(const MyString & name);
15.    MyString & get_name() { return name; }
16.    MyString & set_major(const MyString & major);
17.    MyString & get_major() { return major; }
18.    void set_score(double score) { this -> score = score; }
19.    double get_score() { return score; }
20.  private:
21.    int              number;
22.    MyString      name;
23.    MyString      major;
24.    double          score;
25.  };

26.  //file: student.cpp
27.  # include"student.h"

28.  CStudent::CStudent(int num, const MyString &name,
          const MyString &major, double score)
29.  {
30.    number = num;
31.    this -> name = name;
32.    this -> major = major;
33.    this -> score = score;
34.    cout << "CStudent 的有参构造函数被调用" << endl;
35.  }

36.  MyString & CStudent::set_name(const MyString & name)
37.  {
38.    this -> name = name;
39.    return this -> name;
40.  }

41.  //file: main.cpp
42.  # include"student.h"
43.  # include < iostream >
44.  using namespace std;

45.  int main()
46.  {
47.    MyString name("zhangsan"), major("computer");
48.    CStudent stu(1, name, major, 100), stu2;
49.    CStudent stu3(stu);
50.    stu2 = stu3;

51.    cout << stu.get_name().get_string() << endl;
52.    cout << stu2.get_name().get_string() << endl;

53.    return 0;
54.  }
```

其输出如下：

1.   MyString 的有参构造函数被调用
2.   MyString 的有参构造函数被调用

```
3.    MyString 的默认构造函数被调用
4.    MyString 的默认构造函数被调用
5.    MyString 的赋值运算符函数被调用
6.    MyString 的赋值运算符函数被调用
7.    CStudent 的有参构造函数被调用
8.    MyString 的默认构造函数被调用
9.    MyString 的默认构造函数被调用
10.   CStudent 的默认构造函数被调用
11.   MyString 的复制构造函数被调用
12.   MyString 的复制构造函数被调用
13.   MyString 的赋值运算符函数被调用
14.   MyString 的赋值运算符函数被调用
15.   zhangsan
16.   zhangsan
17.   CStudent 的析构函数被调用
18.   MyString 的析构函数被调用
19.   MyString 的析构函数被调用
20.   CStudent 的析构函数被调用
21.   MyString 的析构函数被调用
22.   MyString 的析构函数被调用
23.   CStudent 的析构函数被调用
24.   MyString 的析构函数被调用
25.   MyString 的析构函数被调用
26.   MyString 的析构函数被调用
27.   MyString 的析构函数被调用
```

对于例 3.5，在定义 CStudent 类时使用了 MyString 类，例如，其数据成员 name 是 MyString 类型的，也就是说 MyString 类的对象 name 作为 CStudent 的数据成员。这样，对于编写 CStudent 类的程序员来说，只需要知道 MyString 类的用法就行了，而不需要再去考虑动态内存分配等细节，因而大大减轻了程序员的工作量。不过，类毕竟与普通的数据类型不同，它带来了一些问题。结合程序的输出，分析程序的运行过程如下：

（1）输出的第 1、2 行是程序第 47 行中构造 name 和 major 时产生的。

（2）程序第 48 行会调用 CStudent 类的有参构造函数构造对象 stu、调用 CStudent 的默认构造函数构造 stu2，而输出中的第 7 行才是 CStudent 的有参构造函数中输出的信息，第 10 行才是 CStudent 的默认构造函数输出的信息，因此输出的第 3～10 行都是因程序第 48 行产生的输出。这些输出表明，在 CStudent 的有参构造函数执行之前，先调用了两次 MyString 类的默认构造函数，然后调用了两次 MyString 类的赋值运算符函数；在执行 CStudent 的默认构造函数之前，先调用了两次 MyString 类的默认构造函数。然而，在 CStudent 类的有参构造函数中没有看到调用 MyString 类的默认构造函数初始化内嵌对象 name 和 major 的地方，那么两次调用 MyString 类的默认构造函数是怎么发生的？同理，在 CStudent 类的默认构造函数的实现中也没有显式调用 MyString 类的默认构造函数初始化内嵌对象 name 和 major 的地方，那么两次调用 MyString 类的默认构造函数是怎么发生的？这就需要介绍构造函数的初始化列表了。另外，在 CStudent 类的有参构造函数中的语句"this—> name = name; this—> major = major;"中直接使用了类的内嵌对象 name 和 major（由此两次调用 MyString 类的赋值运算符函数，产生输出的第 5 行和第 6 行），这说明这两个对象在进入该构造函数之前就已经构造完毕。既然在进入 CStudent 类的构造函数之前就能调用 MyString 类的构造函数初始化 name 和 major，那么能不能通过传递 CStudent 类的有参构造函数中的参数 name 和 major 来调用 MyString 类的复制构造函数初始化 CStudent 类的成员对象 name 和 major 呢？这样做还可以省去在 CStudent 类的有参构造函数中对它们的赋值，即省去两次调用 MyString 类的赋值运算符函数的过程。

（3）程序第 49 行是调用 CStudent 类的复制构造函数，但例 3.5 中没有设计该函数，因此执行的是编译器自动提供的复制构造函数；程序第 50 行是一个赋值运算，由于例 3.5 中也没有为 CStudent 设计赋值运算符函数，因此编译器自动提供了默认的赋值运算符函数。显然程序第 51 行和第 52 行产生的输出为输出中的第 15 行和第 16 行，因此程序第 49 行和第 50 行产生的输出为输出中的第 11～14 行：显示调用了两次 MyString 类的复制构造函数和两次赋值运算符函数。根据输出的第 15 行和第 16 行的内容相同，且程序运行正常，可以判断编译器自动提供的复制构造函数和赋值运算符是正确的。那么，编译器自动提供的复制构造函数和赋值运算符函数是什么样的？

（4）例 3.5 中设计了 CStudent 类的析构函数，但在其函数体中只有一条输出语句。这是因为 CStudent 类中没有涉及动态内存分配，因此不涉及回收堆内存的问题。注意，MyString 类型的对象 name 和 major 涉及了堆内存，不过回收其堆内存的工作由 MyString 类的析构函数完成。从程序中可以看出，对象的析构顺序为：依次析构对象 stu3、stu2 和 stu，然后析构对象 major 和 name。整个析构过程产生了输出中的第 17～27 行，其中析构 stu3 产生了输出中的第 17～19 行。那么，析构组合类对象 stu3 为什么是这样的一个过程？

最后说明一下，例 3.5 中没有给出 set_major() 函数的实现，但由于程序中没有调用到它，因此程序能够正常运行。为后续程序的使用，请自行给出该函数的实现。

下面会解释上面提出的问题。不过，在此之前，先介绍一下类的前向引用声明问题，因为这个问题在定义组合类时经常会用到。

在 C++ 语言中，使用基本数据类型的变量时需要遵循先声明后引用的规则。与此类似，在定义新的类型时也要遵循这一规则。例如在例 3.5 中，在定义 CStudent 类之前，先通过预编译指令引入了 MyString 类的定义（例 3.5 的第 5 行）。在声明一个类之前就试图使用这个类则会出现编译错误，如例 3.6 所示。

【例 3.6】 在声明一个类之前就试图使用这个类则会出现编译错误。

```
1.    class A
2.    {
3.    public:
4.      void A_fun(B b);            //因之前没有声明类型 B,故这里试图引用 B 会造成编译错误
5.      int i;
6.    };

7.    class B
8.    {
9.    public:
10.     void B_fun(A a);
11.     int j;
12.   };
```

在例 3.6 中，在类 A 的定义中引用了类 B。然而，B 类还没有被声明，所以会造成编译错误。解决办法是进行前向类型声明，例如，在声明 A 之前加入声明语句"class B;"。

进行了类的前向声明之后，仅能保证声明的符号可见，但在给出类的具体定义之前，并不能涉及类的具体内容，如下面的程序。

```
class B;
class A
{
public:
```

```
    int A_fun(B b){ return b.j; }   //在给出 B 的具体定义之前涉及了其具体内容,所以会出现编译错误
    int i;
};

class B
{
public:
    int B_fun(A a);
    int j;
};
```

在上面的程序中,类 A 的函数 A_fun()试图访问对象 b 的数据成员 j,即试图引用 B 类的具体内容。然而,在此之前,类 B 的具体定义尚未给出,所以会出现编译错误。解决办法是将该函数的实现写在类外并且在类 B 的完整定义之后。

类似地,在给出类的完整定义之前,不能定义类的对象,因为定义类的对象就会涉及对象的构造,从而会涉及类的具体内容,如下面的程序。

```
class B;
class A
{
public:
    int A_fun(B b);
    B m_b;                       //在给出类 B 的完整定义之前定义 B 的对象会造成编译错误
    A m_a;                       //在类 A 的定义内部定义 A 的对象会造成编译错误
};

class B
{
public:
    int B_fun(A a);
    int j;
};
```

在上面的程序中,类 A 中试图定义类 B 的对象 m_b 和类 A 的对象 m_a,然而此时类 B 和类 A 的定义都不完整,因而会造成编译错误。解决办法是:首先把类 B 的完整定义放到类 A 的定义之前;其次,在类 A 中不能定义类 A 的对象,只能定义类 A 的指针。如下面的程序。

```
class A;                         //因为定义类 B 时引用了类 A,所以需要做前向声明
class B
{
public:
    int B_fun(A a);
    int j;
};

class A
{
public:
    int A_fun(B b){return b.j; } //前面已有类 B 的完整定义,故该语句正确
    B m_b;                       //前面已有类 B 的完整声明,故此处能够定义类 B 的对象
    A * m_pa;                    //永远不能在类定义中定义自身的对象,可以定义自身的指针
};
```

1. 组合类的构造函数

如前所述,在 CStudent 类的有参构造函数中可以直接使用内嵌的对象 name,这就意味着该对象在程序执行 CStudent 类的有参构造函数之前就已经调用了 MyString 的构造函数完成了初始化。为了解释这个问题,需要介绍初始化列表的概念。

类的构造函数都带有一个初始化列表,其主要作用是为初始化类的数据成员提供一个机会。如果在设计构造函数时没有在初始化列表中给出数据成员的初始化方式,则编译器会采用数据成员的默认的初始化方式——对于类的对象来说就是调用其默认的构造函数——进行初始化,且初始化列表中的内容会在执行构造函数之前执行。这就是在上面例 3.5 中的 CStudent 类的有参构造函数中可以使用其成员对象 name 的原因。

一般地,带初始化列表的构造函数的形式如下(仅以写在类的声明内部为例;写在类的声明外部与此相似,只是需要在函数名前加上类名和域作用符):

```
class 类名
{
public:
    类名(): 初始化数据成员 1, 初始化数据成员 2, ...
    {
    }
    ...
};
```

以写在类的声明外部为例,CStudent 类的有参构造函数可以写成如下形式。

```
CStudent::CStudent(int num, const MyString & name,
    const MyString & major, double score)
    : number(num), name(name), major(major), score(score)
{
    cout << "CStudent 的有参构造函数被调用" << endl;
}
```

其中,初始化列表中的第一个 name 是 CStudent 的数据成员,第二个 name 是构造函数中的参数。在这个实现中,由于在初始化列表中使用复制构造函数初始化 name 和 major,因此在 CStudent 的构造函数内部就不需要再次为成员 name 和 major 赋值。另外,基本数据类型 number 和 score 也可以在初始化列表中初始化,但要注意不能写成类似于"number = num"的形式。

另外,需要说明的是构造函数的调用顺序。由于初始化列表的存在,因此在执行组合类的构造函数体之前会先调用其成员对象的构造函数,且当有多个成员对象时,C++语言规定按照成员对象在组合类声明中出现的顺序依次构造,而与它们在初始化列表中出现的顺序无关。例如,虽然 name 和 major 在上述构造函数的初始化列表中出现的顺序与在下面构造函数的初始化列表中出现的顺序不同,但在执行时都是先初始化 name 再初始化 major,程序如下:

```
CStudent::CStudent(int num, const MyString & name,
    const MyString & major, double score)
    : number(num), major(major), name(name), score(score)
{
    cout << "CStudent 的有参构造函数被调用" << endl;
}
```

最后要强调的是,初始化列表可以省去——此时使用数据成员的默认方式初始化,但不意味着没有初始化列表。例如例 3.5 中,CStudent 的默认构造函数实际的实现形式为在初始化列表中调用 MyString 的默认构造函数初始化 name 和 major(注意,初始化列表中的写法),但基本数据类型的成员 number 和 score 没有被初始化,程序如下:

```
CStudent() : name(), major()
{
    cout << "CStudent 的默认构造函数被调用" << endl;
}
```

例 3.5 中 CStudent 的有参构造函数实际的实现形式中的初始化列表与上面的类似:仅在初始化列表中使用 MyString 类的默认构造函数初始化数据成员 name 和 major,没有初始化 number 和 score,程序如下:

```
CStudent::CStudent( int num, const MyString &name,
    const MyString &major, double score) : name(), major()
{
    number = num;
    this->name = name;
    this->major = major;
    this->score = score;
    cout << "CStudent 的有参构造函数被调用" << endl;
}
```

显然,这个实现中,为初始化 name 和 major 需要调用两次 MyString 类的默认构造函数和两次赋值运算符函数。因此,充分利用初始化列表还可以减少函数调用的次数,提高程序的运行效率。

2. 组合类的析构函数

对于 CStudent 类来说,其析构函数没有多少特殊的地方:其要完成的功能主要是该类数据成员的清理。在 CStudent 类中,由于数据成员没有用到堆内存(对象 name 和 major 用到了,但它们由 MyString 类负责处理),因此不需要专门为它编写析构函数。

不过,对于组合类的析构函数也有需要说明的地方,那就是当组合类的对象超出生存期时析构函数的调用顺序问题。这里只需要遵循一个原则:析构函数的调用顺序与构造函数的调用顺序完全相反。如果把对象的初始化过程比喻为按照严格规程生产一台机器的过程,那么显然需要先按照设定的规程生产各个零部件(相当于调用作为数据成员的对象的构造函数),然后调试整台机器(相当于调用组合类的构造函数);当需要拆卸机器时,需要按照完全相反的顺序拆卸(相当于调用各部分的析构函数),否则就无法拆卸开来。对于 CStudent 类的对象,调用析构函数的顺序是:调用 CStudent 类的析构函数析构 CStudent 类的对象,然后调用 MyString 类的析构函数析构对象 major,最后调用 MyString 类的析构函数析构对象 name。

3. 组合类的复制构造函数

正像普通的复制构造函数一样,如果没有编写它,编译器就会自动提供一个,并且其完成的功能就是实现对应数据成员的复制。例如,在例 3.5 中没有给出 CStudent 类的复制构造函数,因此编译器会自动提供一个如下形式的复制构造函数——注意在初始化列表中调用了 MyString 类的复制构造函数来初始化 name 和 major。

```
class CStudent
{
public:
```

```
    CStudent(const CStudent & stu);
    ...
};

CStudent::CStudent(const CStudent & stu) : number(stu.number),
    name(stu.name), major(stu.major), score(stu.score)
{
}
```

　　如果明确给出了复制构造函数的定义,则编译器就不再提供默认的实现,此时关于复制构造函数的一切都需要程序员负责——一定要在初始化列表中使用复制构造函数初始化对象成员,例如,下面这个实现就不太好。

```
CStudent::CStudent(const CStudent & stu)
{
    number = stu.number;
    name = stu.name;
    major = stu.major;
    score = stu.score;
}
```

　　这个实现没有明确给出初始化列表,但这并不意味着没有初始化列表,而是意味着在初始化列表中采用默认的形式对数据成员初始化,即 name 和 major 的初始化是通过调用 MyString 的默认构造函数——而不是复制构造函数——实现的,而基本数据类型的成员 number 和 score 没有被初始化。也正因为如此,在上面的实现中需要分别为各数据成员赋值,否则将不能正确完成 CStudent 对象的复制。

　　4. 组合类的赋值运算符

　　在 3.2.4 节已经介绍过,当没有为类提供赋值运算符函数时,编译器会自动提供一个赋值运算符函数,其完成的功能就是对数据成员逐一赋值:对于基本数据类型就是按位赋值,对于对象成员就是调用其赋值运算符函数进行赋值。在 CStudent 类中,虽然其对象成员 name 和 major 使用了堆内存,但因为已经为 MyString 类提供了实现深复制的赋值运算符函数,因此,编译器为 CStudent 类自动提供的赋值运算符函数能够正确运行,其实现形式如下:

```
CStudent & CStudent::operator = (const CStudent & stu)
{
    if (this != &stu)              //防止自赋值
    {
        number = stu.number;
        name = stu.name;           //调用 MyString 类的赋值运算符函数
        major = stu.major;         //调用 MyString 类的赋值运算符函数
        score = stu.score;
    }
    return * this;
}
```

　　在例 3.5 中,第 50 行调用了 CStudent 类的赋值运算符函数。根据上述编译器为 CStudent 类自动提供的赋值运算符函数的形式,在函数实现中两次调用 MyString 类的赋值运算符函数。这正是第 50 行的程序产生了输出中的第 13 行和第 14 行的原因。

3.2.6　内联函数

将类的功能划分成相对独立的单元并封装在函数中，有利于代码的重用、增强程序的可靠性，也便于编写时程序员的分工合作；同时，在运行时，由于一个函数的代码部分在内存中只有一个副本，从而也减少了运行时对内存的占用需求，特别是函数占用的内存空间较大的时候。

然而，在进行函数调用时，需要执行保存现场、参数传递、返回地址、恢复现场等额外工作，因此需要花费一定的时间。如果一个函数的实现非常简单，仅用数条指令就可完成，那么与直接执行函数功能相比，调用函数所花费的时间就会显得相当浪费，而节约下来的内存开销就会显得微不足道。显然这是一个两难问题。

为了平衡程序在时间和空间上的开销，C++语言提供了内联函数的功能。可以考虑将一些功能简单、规模较小、使用频繁的函数声明为内联函数，告诉编译器在编译时尽量直接将函数的实现插入到调用的位置，从而省去执行时的函数调用。这样可以在编程时保持使用函数的各种优点，同时又在编译生成的代码中省去了保存现场、参数传递、返回地址、恢复现场等额外工作。

定义内联函数需要使用 inline 关键字，一般的语法结构为：

```
inline 返回值类型 函数名(参数表) { 函数体; }
```

在类声明内部实现的函数默认是内联函数，如例 3.1 中的 get_string() 函数就是内联函数。如果函数的实现定义在类声明的外部，则需要使用 inline 关键字，例如，将上面的 get_string() 函数的实现写在类外面的格式如下：

```
inline const char * MyString::get_string()
{
    return m_pbuf;
}
```

注意，虽然上面的函数写在类外，但仍然应与类的声明写在同一个头文件中，因为内联函数是内链接的，因此，如果写在一个实现文件中，就无法在其他的实现文件中调用它。

关于内联函数，应注意以下四点。

（1）与宏不同，内联函数在任何意义上都是真正的函数。在合适的时候，内联函数可以像宏一样展开，即直接将函数体嵌入到被调用的位置，从而省去调用函数的开销；而宏只能通过文字替换将它所定义的功能嵌入到可执行代码中。另外，宏只是进行文字替换而不进行类型检查，而内联函数则会进行类型检查。

（2）inline 关键字需要和函数体在一起，且内联函数一般在头文件中实现。内联函数是内链接的，如果实现在编译单元中，则会因禁止在其他编译单元中调用该内联函数而无法链接。

（3）在面向对象程序设计中，在类声明内部实现的函数都自动成为内联函数，其典型应用就是所谓的"存取函数"，如例 3.1 中的 get_string() 函数就会自动成为内联函数。如果需要在类的外部实现内联函数，则要在函数实现中使用 inline 关键字。

（4）内联的声明只是一个要求，编译器会根据自己的启发式规则确定实际上是否执行内联。一般来说，如果函数比较复杂，例如，函数中有循环语句、switch 语句、在函数中使用了异常接口声明等，则编译器均不能执行内联功能。总之，inline 关键字只是表示了一个希望内联的要求,编译器会根据实际情况确定是否满足这个要求。

3.2.7 静态成员

在 C 语言中,声明静态变量或函数的主要作用是改变变量或函数的可见性。静态变量和静态函数只在它们所在的编译单元可见,在其他的编译单元不可见;另外,静态变量存储在数据段,具有文件生存期。

在面向对象程序设计中,非静态的数据成员描述的是“对象的属性”,即任何对象都有一个存储空间来保存这些属性的具体值。然而,类也可能有一些属性仅属于类而不单独属于某个具体的对象,这类属性需要用静态成员描述。例如,对于前面的 MyString 类,考虑这样一种需求:统计程序运行的任一时刻具有的 MyString 类的对象个数。显然,这个统计数据对于每个对象来说都具有全局的含义,也就是说,对于所有的对象来说,该数据具有相同的数值;从逻辑上来说,应该所有对象共享一个存储区域。为满足这个需求,可以采取的方法如下:设计一个全局变量用来存储该统计数据,并且在 MyString 类的构造函数中将该统计数据增一,在 MyString 类的析构函数中将该统计数据减一。然而这样做有明显的缺点:由于全局数据是可以被随意修改的,因此这样做不安全,破坏了类的封装性;同时该全局变量也容易与其他全局符号产生冲突。所以,这不是一种好的实现方法。对于这种需求,面向对象程序设计提供了更好的解决方法,那就是使用静态数据成员。

类的静态数据成员在数据段中拥有一块独立的存储区,该类的所有对象共用该存储区,因此,在使用 sizeof 计算对象的大小时不会把静态数据成员占用的内存空间计算进去;同时,静态数据成员又从属于类,因此仅在类作用域内有效,其可访问性质可由 public、protected 和 private 关键字控制。声明静态数据成员的方式如下:

```
//file: MyString.h
class MyString
{
    static int total;              //此处将静态成员变量声明为私有数据成员
public:
    MyString();
    MyString(const MyString & str);
    ~MyString();
    ...
};

//file: MyString.cpp
...
int MyString::total = 0;            //初始化静态变量,注意要用类名和域作用符限定
MyString::MyString(){ total++; ... }
MyString::MyString(const MyString & str){ total++; ... }
MyString::~MyString(){ total-- ; ... }
...
```

注意,在头文件中使用 static 关键字声明静态数据成员后,编译器并不会根据这个声明为它分配内存空间。为静态数据成员分配实际的内存空间是在类外进行的,并且通常在实现文件中进行,形式如上面实现文件中的语句“int MyString::total = 0;”所示——注意在这个语句中不能再次使用 static 关键字;同时,该变量从属于类,因此使用类名和域作用符指明了 total 变量的作用范围,因此该变量不会与全局中可能存在的同名符号冲突。另外,为了正确完成计数,需要注意在所有的构造函数和析构函数中对 total 变量进行正确的计数处理。

46

另外,在上面的实现中,静态数据成员 total 被声明为私有数据成员,因此为了在类的外部访问它,需要再定义一个公有的函数专门用来返回它的值。然而,这样做有一个问题:要想调用该公有函数,就必须构造一个对象,然后通过对象调用该公有函数。这样,当访问 total 的值时,就发现其值总是大于或等于1,也就是说不可能取得其初始值 0;同时,在该公有函数中可以访问类的所有数据成员,尽管它不需要去访问。从逻辑上讲,既然静态数据成员是独立于任何对象的类的属性,那么访问静态数据成员的接口也应该是独立于任何对象的;更进一步,既然该接口是独立于任何对象的,那么它就不应该访问任何不独立于对象的成员。为此,面向对象程序设计中提供了静态成员函数。例 3.7 说明了使用类的静态成员的方法。需要注意,static 关键字只能在声明时使用,不能在定义时使用。例如,在例 3.7 中,在实现文件中初始化数据成员 total 和定义 get_total()函数时均没有使用 static。对于静态成员,可以通过类名——而不必通过对象——访问,如例 3.7 main()函数中的语句"cout << MyString::get_total() << endl;"所示。

【例 3.7】 使用类的静态成员。

```
1.    //file: MyString.h
2.    class MyString
3.    {
4.        static int total;                        //此处声明为私有数据成员
5.    public:
6.        ...
7.        static int get_total();
8.        ...
9.    };

10.   //file: MyString.cpp
11.   ...
12.   int MyString::total = 0;
13.   int MyString::get_total(){ return total; }
14.   ...

15.   //file: main.cpp
16.   ...
17.   int main()
18.   {
19.       cout << MyString::get_total() << endl;   //通过类名调用,此时输出为 0
20.       MyString str;                            //调用不带参数的构造函数执行初始化
21.       cout << str.get_total() << endl;         //此时输出为 1
22.       {
23.           MyString str2(str);
24.           cout << str2.get_total() << endl;    //此时输出为 2
25.       }
26.       cout << str.get_total() << endl;         //此时输出为 1
27.       return 0;
28.   }
```

由于静态成员函数在逻辑上从属于类而不是从属于对象,因此,在调用该类函数时不会隐含地传递 this 指针,从而也就不能够在函数中访问非静态数据成员或调用非静态成员函数,也正因如此,才可以使用类名——而不必通过对象——调用静态函数。

可以将类的对象作为该类的静态数据成员。由于静态数据成员需要在类的外部初始化,因此可以使用这种方法设计"单件类",即在程序运行过程中有且最多只有一个该类的对象。

例如,下面的程序。

```
//file: main.cpp
class CSingleton
{
    static CSingleton s;
    int i;
    CSingleton(int x) : i(x) { }
public:
    static CSingleton * instance(){ return &s; }
    int value(){ return i; }
};

CSingleton CSingleton::s(100);          //此处构造一个静态的单件类的对象

int main()
{
    CSingleton x(10);                   //构造函数是私有的,故此语句会产生编译错误
    CSingleton * p = CSingleton::instance();  //可以获得静态对象的指针
    p -> value();
    return 0;
}
```

在这个程序中,由于 CSingleton 有一个静态数据成员,因此一定要初始化该静态对象。由于该静态对象就是 CSingleton 类型的,因此 CSingleton 类就一定有一个对象。另外,由于 CSingleton 类的构造函数是私有函数,因此不能调用其构造函数动态构造对象,从而保证了程序运行中只有一个 CSingleton 对象。

3.2.8　常成员与常对象

视频讲解

在第 2 章已经从"C++语言是更好的 C 语言"的角度介绍了常变量,在本节介绍面向对象程序设计中有关常量的更多内容,包括类的常成员(常数据成员和常函数成员)和常对象的用法。

首先介绍类中的常数据成员。类中的数据成员可以声明为 const 的,此时必须在构造函数体执行之前对这类数据成员初始化。为此,需要用到初始化列表。带有常数据成员的类的声明形式如下面程序所示。

```
//file: a.h
class A
{
public:
    A(int i);
private:
    const int a;                //常数据成员,不能初始化,如不能写成"const int a = 0;"
    static const int b;
};

//file: a.cpp
const int A::b = 0;             //b是静态成员,在此处初始化

A::A(int i) : a(i)             //a是常量,必须在初始化列表中初始化
{
}
```

上面构造函数的初始化列表中用于初始化整型常量 a 的格式好像是在调用一个构造函数一样。这里要注意，只能写成这个格式，不能写成"a = i"；另外也不能直接在类的声明处给出初始值（C++98 标准中只允许静态常量在类内初始化，但 C++11 标准中允许在类内初始化数据成员）。

类的对象可以和普通的变量一样被声明为 const。此时，必须在声明的同时给对象初始化，并且在运行过程中不能改变对象的值。例如，对于已经定义好的 MyString 类，可以定义 const 对象 str 如下：

```
const MyString str("I love C++, yeah!");
```

由于常对象在初始化之后是不允许被改变的，因此需要提供相应的机制来保证这一点：首先，对于公有的常数据成员，编译器强制要求其不能作为左值，也就是说，对常数据成员只允许读，不允许写；其次，引入常成员函数的概念，且规定通过常对象只允许调用常成员函数，不允许调用非常成员函数。所谓常成员函数是指用 const 关键字修饰的成员函数；在常成员函数中不允许修改数据成员（包括非常数据成员）的值，也不允许调用非常成员函数。常成员函数的声明格式如下：

```
返回值类型 函数名(参数表) const;
```

对于这个声明格式，需要注意的是：const 关键字是函数类型的一部分，因此在函数的实现部分也需要带上 const 关键字，这与声明静态成员函数的 static 关键字不同；const 关键字只能放在函数的参数表之后，除此之外无处可放，因为放在其他位置均有其他的含义；const 关键字可以用于对重载函数的区分，例如下面的函数声明是有效的函数重载。

```
void print();
void print() const;
```

任何不会修改数据成员的函数都应考虑声明为常成员函数（静态函数除外），以方便由 const 对象使用，同时也能防止编程时不小心修改数据成员或调用非常成员函数对数据成员做出修改。例如，对于 MyString 类，get_string() 函数和 get_length() 函数都不会修改数据成员，因此应该声明为常成员函数。

```
//file: MyString.h
class MyString
{
public:
    const char * get_string() const;            //取得字符串的首地址
    int get_length() const { return strlen(m_pbuf); }
    …
};
```

另外，由于常对象的原因，类的有些函数就需要提供两个版本：一个非常成员函数版本，一个常成员函数版本。例如，例 3.5 中，CStudent 类中只提供了一个非常成员版本的 get_name() 函数，因此下面的程序就会出现编译错误：

```
MyString name("zhangsan"), major("computer");
const CStudent stu(1, name, major, 100);
cout << stu.get_name().get_string();            //因 get_name()是非常成员函数,故有编译错误
```

为能够取得常对象 stu 的 name 成员的值,需要提供一个常成员版本的 get_name()函数如下:

```
MyString get_name() const { return name; }
```

注意,因为是常成员函数,所以返回的 name 对象也应作为常对象,因此该函数的返回值对象就不能是 MyString 类对象的引用。这与非常成员函数版本不同:在那里,为方便对返回的 name 成员做进一步的处理,返回值为 MyString 对象的引用。

同理,需要设计 CStudent 类 get_major()函数的常成员版本。另外,该类的 get_number()函数和 get_score()函数也需要定义为常成员函数。

3.3 对象的生存期、作用域与可见性

对象与普通的变量一样,也有生存期、作用域和可见性,并且其规则与普通变量的规则相同。对象的生存期、作用域和可见性如例 3.8 所示。

【例 3.8】 对象的生存期、作用域和可见性。

```
1.    //MyString 类的定义略
2.    //为简单起见,可暂时注释掉之前在 MyString 类的构造函数、析构函数、复制构造函数
3.    //和赋值运算符函数中加入的输出语句

4.    # include < iostream >
5.    # include"MyString.h"
6.    using namespace std;

7.    MyString g_str;                      //g_str 是全局变量;文件作用域;静态生存期;在数据段中
8.    int main()
9.    {
10.       MyString str;                     //str 是局部变量;块作用域;动态生存期;块内可见;在栈中
11.       MyString * p_str;
12.       str.set_string("I love C++, ");
13.       cout << "字符串长度: " << str.get_length() << "\t"
                << str.get_string() << endl;

14.       str.append("yeah!");
15.       cout << "字符串长度: " << str.get_length() << "\t"
                << str.get_string() << endl;

16.       str.append();           //使用了默认形参值
17.       cout << "字符串长度: " << str.get_length() << "\t"
                << str.get_string() << endl;

18.       p_str = &str;           //使用对象指针
19.       cout << "字符串长度: " << p_str -> get_length() << "\t"
                << p_str -> get_string() << endl;

20.       str.append(str.get_string());
21.       cout << "字符串长度: " << str.get_length() << "\t"
                << str.get_string() << endl;

22.       g_str.set_string("I am Lisi. ");
23.       g_str.append(str);
```

```
24.        cout << "字符串长度: " << g_str.get_length() << "\t"
               << g_str.get_string() << endl;

25.    {
26.        static MyString str;                    //静态局部变量; 块作用域; 静态生存期
27.                                                 //块内可见, 外层的 str 不可见; 在数据段中
28.        str.append(::g_str);
29.        cout << "static 字符串长度: " << str.get_length() << "\t"
               << str.get_string() << endl;
30.    }
31.    return 0;
32. }
```

其输出如下:

```
1.   字符串长度: 12      I love C++,
2.   字符串长度: 17      I love C++, yeah!
3.   字符串长度: 17      I love C++, yeah!
4.   字符串长度: 17      I love C++, yeah!
5.   字符串长度: 34      I love C++, yeah! I love C++, yeah!
6.   字符串长度: 45      I am Lisi. I love C++, yeah! I love C++, yeah!
7.   static 字符串长度: 45   I am Lisi. I love C++, yeah! I love C++, yeah!
```

视频讲解

3.4　类间的关系及其在 C++语言中的实现

在面向对象分析与设计中,根据需求对问题域进行分析,得到类的设计,然后设计程序的结构。它包括面向对象分解的过程和用来表示分解结果的方法,其中前者关注程序的结构,而后者关注结构的表示,包括被设计系统的逻辑模型和物理模型的表示,及静态模型和动态模型的表示。

对于上述各种模型,研究者曾提出了多种表示方法。20 世纪 90 年代中期,面向对象方法学的三位学者 Booch、Rumbaugh 和 Jacobson 加入了 Rational 公司,开始将他们各自的方法学融合在一起,创造出统一建模语言(Unified Modeling Language,UML)的第一个版本。然后,他们开始与其他方法学家一起工作,向对象管理组织(Object Management Group,OMG)提交了一种建模语言 UML。1997 年 11 月,OMG 采用 UML 作为标准。UML 的内容相当多,本节只简单介绍类或对象间的常见关系及如何使用 UML 来表示它们。下面先介绍在 UML 中是如何表示类和对象的。

首先,以 MyString 为例,其 UML 类图表示如图 3.3 所示。显然,完整的类图(图 3.3 的左半部分)分为三个部分,分别为类名、数据成员和函数成员,其中访问控制分别用"＋""－"和"＃"表示公有访问、私有访问和受保护访问。有时候会使用简化的类图,此时,类图中只有类名,如图 3.3 右半部分所示。

对象是类的实例,其 UML 表示与类的 UML 表示有很多相似之处。与类图相比,主要变化如下:

(1) 类名处改成对象名再加上类名,两者之间用冒号分开,并且整个内容加下画线,基本格式是"对象名:类名",且在对象名不必明确的情况下可以省去对象名。

(2) 数据成员部分给出对象的具体值,且在不必明确数据成员的值时省去它们。

(3) 去掉成员函数部分。

例如,MyString 类的对象图如图 3.4 所示,其中该图的右半部分是对象图的简化表示。

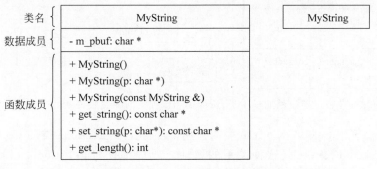

图 3.3　MyString 类的 UML 类图

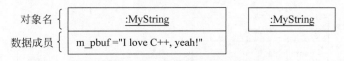

图 3.4　MyString 类的对象图

　　类与类之间存在多种关系,其中常见的有泛化关系(也叫继承关系)、关联关系、聚合关系和组合关系。泛化关系描述了类间的"是一个"关系,通常蕴含着两个类之间有继承关系。这里主要介绍关联关系、聚合关系和组合关系,泛化关系将在第 6 章介绍。另外,友元关系也是类间的一个重要的关系,也在此处介绍,同时也介绍友元函数的概念。

3.4.1　关联关系

　　关联(association)关系是最常见的类间关系,它表示了类间的一种固定关系,例如学生类 Student 和学生的选课类 SelectedCourse 间的关系。另外,选课类 SelectedCourse 与课程类 Course 间也有这个关系。学生类、选课类和课程类间的关联关系的 UML 表示如图 3.5 所示。

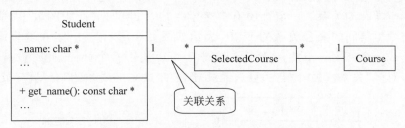

图 3.5　学生类、选课类和课程类间的关联关系的 UML 表示

　　关联关系表示类间的一种固有关系,用一条线来表示。通常,还需要在这个线的两端表示出"重数"和"可导航性"。

　　在图 3.5 中,Student 类和 SelectedCourse 类间有关联关系,且 Student 类端的重数为 1,另一端的重数为"＊"(表示无限制),其含义是一个 Student 对象可以和多个 SelectedCourse 对象关联,即一名学生可以选多门课程;一个 SelectedCourse 对象只能与一个 Student 对象关联。还有其他的重数,如"0..＊"表示 0 个或多个;"1..＊"表示一个或多个;"0..1"表示 0 个或一个;还可以指定范围,如 3～7 个表示为"3..7"。

　　可导航性用线两端的箭头表示,如果没有箭头,则表示两边均有可导航性,或者可导航性尚未确定。带可导航性的学生类、选课类和课程类间的关联关系的 UML 表示如图 3.6 所示。通常,从类 A"可导航"到类 B 就意味着类 A 中有一个指向类 B 对象的指针或引用。

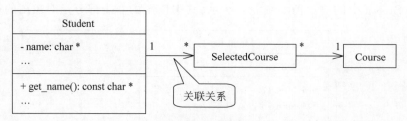

图 3.6　带可导航性的学生类、选课类和课程类间的关联关系的 UML 表示

现在，考虑上例中 SelectedCourse 类的作用。实际上在 Student 类和 Course 类间有多对多的关系，而 SelectedCourse 是这种关系的属性。通常具有与 SelectedCourse 类相同作用的类被称为"关联类"。使用关联类表示学生类、选课类和课程类间的关联关系的 UML 表示如图 3.7 所示。

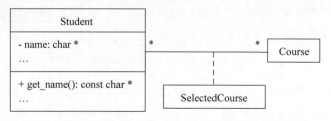

图 3.7　使用关联类表示学生类、选课类和课程类间的关联关系的 UML 表示

通常，在开始分析时只需要关注类间的关联关系。随着分析的深入，会逐步确定关系的具体性质，从而精化为聚合、组合或泛化关系。

3.4.2　聚合关系

聚合（aggregation）关系是一种特殊的关联关系，它具有关联关系的特征，而且还有"有一个"特征。不过，尽管聚合关系意味着类间有"有一个"关系，但这种关系并不是很强。例如，考虑社团类与学生类间的关系：一个社团有多名学生成员，但如果社团解散了，学生还是存在的。社团类与学生类间的聚合关系的 UML 表示如图 3.8 所示。注意，在这里设计一名学生只能属于零个或一个社团。当然，实际上一名学生可以属于多个社团，此时就需要设计"关联类"来处理"多对多"关系。另外，与关联关系相比，表示关系的线条的"有"端变成了空心菱形。

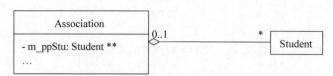

图 3.8　社团类与学生类间的聚合关系的 UML 表示

通常，聚合关系意味着"有一个"关系的拥有方有一个指针类型的数据成员指向被拥有方，并且在拥有方对象析构时不负责析构被拥有方对象。在上例中，Association 类的 m_ppStu 指针指向 Student 的指针类型的数组，而数组中的每个元素指向一个 Student 类型的对象；在 Association 类的析构函数中仅负责回收 m_ppStu 所指向的数组空间，不负责回收该数组的每个元素所指向的 Student 类型的对象所占用的空间。

3.4.3　组合关系

组合（composition）关系也叫组成关系，是一种特殊的聚合关系，不仅有"有一个"特征，而且有更多的"整体-部分"特征,即拥有方对象全然拥有被拥有方对象。如果两个对象间有组合关系,则意味着如果整体对象不存在了,则部分对象也就不存在了,即整体对象"值拥有"部分对象(与聚合关系的"指针拥有"不同),部分对象不能独立存在。例如,一个汽车对象有四个轮子对象,则在析构汽车对象时需要同时析构组成汽车的轮子对象。汽车类与轮子类间的组合关系的 UML 表示如图 3.9 所示。又如例 3.5 中,用来表示名字的 MyString 对象与 CStudent 对象间就是组合关系。

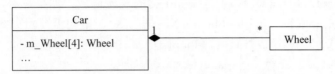

图 3.9　汽车类与轮子类间的组合关系的 UML 表示

通常,组合关系通过"值拥有"的方式实现,例如上例的 m_Wheel 是 Wheel 类的对象的数组,但有时也可能是通过指针来实现这个关系。考虑这样的情况:汽车类的轮子数量无法事先确定,所以不适合使用数组事先规定轮子个数,而需要通过指针指向一个动态数组。无论是哪种情况,都要保证在析构拥有方对象时同时析构被拥有方对象。总之,在组合关系中,被拥有方对象不能独立存在,只能作为拥有方的一部分存在。

3.4.4　友元类与友元函数

在现实中,人人都有自己的朋友。对于自己一些私密的东西,一般人是不能看的,但朋友是可以看的;通常,朋友关系是双向的,但也存在大量的单向的情形。实际上,双向的朋友关系是两个单向的朋友关系的合成。另外,虽然人们常说"朋友的朋友就是朋友",似乎朋友关系是可以传递的,但这是个假象,实际上朋友关系是不可传递的,"朋友的朋友就是朋友"成立的条件是两个朋友相互认为对方是自己的朋友。面向对象程序设计中使用友元关系来描述这种关系。

若 B 类是 A 类的友元类,也就是说 A 类认为 B 类是自己的友元类,则 B 类的成员函数是 A 类的友元函数,可以访问 A 类的所有成员。A 类声明 B 类是自己的友元类的形式如下:

```
class A
{   ...
    friend class B;
    ...
};
```

声明友元类是建立类与类之间的联系、实现类之间数据共享的途径,但这也破坏了类的封装性,因此使用友元关系的时候需要认真考虑,谨慎使用。另外,友元类不是声明者的一部分,声明语句不受访问控制关键字的约束,因此可以声明在类声明的任何位置。另外,由于友元类不是本类的一部分,因此友元类的大小不影响本类的大小。

友元关系的 UML 图通过友元依赖实现。例如,B 类是 A 类的友元类的 UML 表示如图 3.10 所示。在图 3.10 中,依赖用虚线表示,箭头方向表示友元关系的声明者,即箭头所指的类的修改可能会引起箭尾类的修改,而箭尾类的修改不会引起箭头所指类的修改。

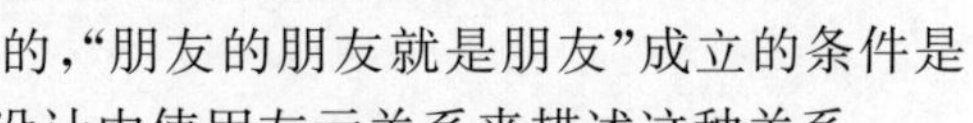

图 3.10　B 类是 A 类的友元类的 UML 表示

有时,可能仅需要一个类的某个函数是本类的友元,例如,在 A 类中仅声明 B 类的函数 func()为 A 类的友元,则声明形式如下:

54

```
class A
{    ...
    friend void B::func();          //B 不是 A 的友元类,但其函数 func()是 A 的友元函数
    ...
};
```

还有些时候,需要将一个全局函数声明为类的友元函数,例如在下面的程序中定义了 Point 类,并将全局函数 distance()声明为 Point 类的友元函数。如果没有友元关系的声明,则 distance()函数中的"double x = double(p1.X − p2.X);"语句需要写成"double x = double (p1.getX() − p2.getX());"; 类似地,"double y = double(p1.Y − p2.Y);"语句需要写成"double y = double(p1.getY() − p2.getY());"。

```
class Point
{
public:
    Point(int x = 0, int y = 0){ X = x; Y = y; }
    int getX(){ return X; }
    int getY(){ return Y; }
    friend double distance(Point & a, Point & b);          //声明友元函数
private:
    int X, Y;
};

double distance(Point & p1, Point & p2)
{
    double x = double(p1.X − p2.X);
    double y = double(p1.Y − p2.Y);
    return sqrt(x * x + y * y);
}
```

总结:对于友元关系,需要注意以下三点。

(1) 友元关系是不能传递的,例如,B 类是 A 类的友元类,C 类是 B 类的友元类,那么如果 A 类没有声明 C 类为自己的友元类,则 C 类也不是 A 类的友元类。

(2) 友元关系是单向的。如果声明 B 类是 A 类的友元类,则 B 类的成员函数可以访问 A 类的所有成员;反之不然。

(3) 友元关系是不能被继承的。如果 B 类是 A 类的友元类,则 B 类的派生类并不会自动成为 A 类的友元类。

3.5 面向对象程序设计举例

视频讲解

下面通过例 3.9 来说明面向对象程序设计的思维方式,通过例 3.10 来说明组合和聚合的关系。

图 3.11 运动场示意图

【例 3.9】 运动场造价问题。运动场示意图如图 3.11 所示,其由中间的一个矩形足球场和两端的半圆形场地外加周边的跑道组成。已知足球场的长和宽以及跑道的宽度,且足球场的建造单价为 100 元/m²,空地和跑道的造价均为 80 元/m²。要求编程计算给定参数的运动场的造价。

首先分析问题。问题的要求非常简单,就是输入运动场的参数,然后计算造价并输出,而运动场的参数只需要足球场的长和宽以及跑道宽度就可以了。进一步分析就会发现看到的事物或概念有运动场、足球场、半圆形场地、跑道、单价。而足球场、半圆形场地、跑道只是用来说明运动场的构成,对于问题的解答没有实质的帮助,因此用一个图形来描述运动场的形状即可(仅需要表示足球场的长和宽就可表示出运动场的基本图形),并且运动场与形状间有"有一个"关系。计算造价是运动场要提供的功能,为实现该功能需要计算各部分的面积,而计算各部分的面积是图形需要提供的功能。因此,计算造价时会向运动场对象询问,而运动场对象在计算造价时需要向图形对象询问各部分的面积。对于单价和跑道宽度,则可以作为运动场的属性。对于图形,其封装了表示足球场的长和宽,并提供计算完整图形(包括足球场和两端的半圆)的面积的功能、加上跑道宽度后整个图形面积的功能和足球场的面积的功能。综上,运动场与图形间的关系如图 3.12 所示,而计算造价可设计为运动场类的函数 compute_cost(),其运行过程可用 UML 的序列图表示,如图 3.13 所示。

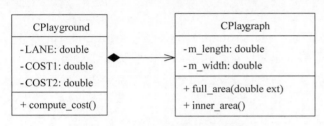

图 3.12　运动场与图形间的关系

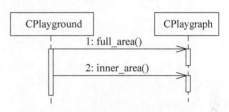

图 3.13　运动场类的 compute_cost()
函数的序列图

首先实现 CPlaygraph 类,包括建立头文件 graph. h 和实现文件 graph. cpp。

```cpp
//file: graph.h
#ifndef __GRAPH_H__
#define __GRAPH_H__

#include <iostream>
#include <math.h>
using namespace std;

#define PI 3.14159

class CPlaygraph
{
public:
    CPlaygraph(const double len, const double w);
    //计算图形向外扩展 ext 后的面积
    double full_area(const double ext = 0) const;
    double inner_area() const;                //计算中间矩形的面积
private:
    double m_length;
    double m_width;
};
#endif

//file: graph.cpp
```

```
# include "graph. h"

CPlaygraph::CPlaygraph(const double len, const double w)
    : m_length(len), m_width(w)
{
}

double CPlaygraph::full_area(double ext) const
{
    return m_length * (m_width + 2 * ext) +
        PI * (m_width / 2 + ext) * (m_width / 2 + ext);
}

double CPlaygraph::inner_area() const
{
    return m_length * m_width;
}
```

然后实现运动场类 CPlayground，包括建立 playground. h 文件和 playground. cpp 文件，其中足球场的建造单价和其他部分的建造单价作为该类的构造函数的默认参数给出。

```
//file: playground. h
# ifndef __PLAYGROUND_H_
# define __PLAYGROUND_H_
# include "graph. h"

class CPlayground
{
public:
    CPlayground(CPlaygraph & g, double lane,
        double cost1 = 100. 0, double cost2 = 80. 0);
    double compute_cost() const;
private:
    CPlaygraph g;                   //存储运动场基本图形
    const double LANE;              //跑道宽度
    const double COST1;             //足球场的建造单价
    const double COST2;             //其他部分的建造单价
};
# endif

//file: playground. cpp
# include "Playground. h"

CPlayground::CPlayground(CPlaygraph & g, double lane,
    double cost1, double cost2)
    : g(g), LANE(lane), COST1(cost1), COST2(cost2)
{
}

double CPlayground::compute_cost() const
{
    double cost = 0. 0;
    cost += g. inner_area() * COST1;
    cost += (g. full_area(LANE) - g. inner_area()) * COST2;
    return cost;
}
```

最后,建立主程序所在的文件 main. cpp。

```cpp
//main.cpp
# include < conio. h>
# include "Playground. h"

int main()
{
    double len, w, lane;
    while (true)
    {
        cout << "请输入足球场的长、宽和跑道宽度: ";
        cin >> len >> w >> lane;
        CPlaygraph g(len, w);
        CPlayground ground(g, lane);
        cout << "造价是: " << ground. compute_cost() << endl;
        cout << "按 e 退出,按其他键继续..." << endl;
        if (_getch() == 'e')
            break;
    }

    return 0;
}
```

例 3.9 中,main()函数仍然是过程化的。事实上,类的每一个函数内部都是过程化的,所谓面向对象是站在较高的层次上说的。为使程序看起来更完全面向对象一点,可将应用程序本身抽象成类,这样程序的运行就是构造一个应用程序类的对象,该对象超出作用域析构后应用程序就结束了。如下面程序就定义了一个应用程序类 CApp,在 main. cpp 文件中定义了一个该类的对象 theApp,然后在 main()函数中通过 theApp 调用 CApp 类的 run()函数启动程序的执行。

```cpp
//file: app. h
# pragma once
# include < iostream >
# include < conio. h >
# include "playground. h"

class CApp
{
public:
    int run();
};

//file: app. cpp
# include "App. h"

int CApp::run()
{
    double len, w, lane;
    while (true)
    {
        cout << "请输入足球场的长、宽和跑道宽度: ";
        cin >> len >> w >> lane;
```

```
        CPlaygraph g(len, w);
        CPlayground ground(g, lane);
        cout << "造价是: " << ground.compute_cost() << endl;
        cout << "按 e 退出,按其他键继续..." << endl;
        if (_getch() == 'e')
            break;
    }

    return 0;
}


//file: main.cpp
# include"CApp.h"

CApp theApp;

int main()
{
    theApp.run();
    return 0;
}
```

【例 3.10】 学生与社团的问题。学生与社团间是典型的聚合关系,也就是说社团由学生组成,但学生可以脱离社团而存在,因此在析构一个社团对象时不需要同时析构参加该社团的学生。学生有多个,需要一个列表来保存学生信息,并且该列表与学生之间应是组合关系,即析构列表时也要同时析构其保存的全部学生。下面在例 3.5 定义的学生类的基础上讲解该例如何实现。

首先,在此处省去学生类 CStudent 及其使用的 MyString 类的定义和实现。这里要注意的是,为了使程序的输出简洁清晰,需要把这两个类的构造函数、复制构造函数、析构函数和赋值运算符函数中的输出语句去掉。

然后,设计学生列表类 CStudentList 和社团类 CAssociation。为简便起见,它们的定义和实现均在文件 studentlist.h 中。

先看 CStudentList 类的实现。由于该类管理的学生的个数不定,因此可考虑使用链表存储或使用动态数组存储。然而,使用动态数组会引来学生信息的存储位置发生变化。由于社团类 CAssociation 中需要存储指向学生的指针,不方便处理这种变化,因此这里使用链表存储学生信息。为此,需要设计一个链表结点类 CNode,然后在 CStudentList 类中封装一个链表头结点 head 和表示链表中学生个数的计数 count。类 CStudentList 提供的功能有增加一名学生的 add()函数、根据学号删除学生的 del()函数、根据学号取得结点地址的 get()函数以及列表显示全部学生的 show()函数;另外,把复制构造函数和赋值运算符函数设为私有的,防止通过对象调用它们,在这里,这样做的目的是简化程序的设计(读者当然可以自行实现它们);对于析构函数,由于学生与学生列表类之间是组合关系,需要在学生列表类的析构函数中回收链表中的学生信息。

结点类 CNode 的实现如下:

```
//file: studentlist.h
# pragma once
# include"student.h"
```

```cpp
class CNode
{
    friend class CStudentList;                    //为方便访问私有成员而声明友元类
    friend class CAssociation;
public:
    //要求 p 指向堆上的一个 CStudent 对象,且构造之后由 CNode 负责管理该对象
    CNode(CStudent * p) : pstu(p), ref(0), next(NULL) { }
    ~CNode() { delete pstu; }
private:
    CNode(const CNode &);                          声明为私有函
    CNode & operator = (const CNode &);            数,禁止调用

    CStudent * pstu;                               //指向该结点的学生对象
    int ref;                                       //记录该结点被引用的数量
    CNode * next;
};
```

类 CStudentList 的实现如下:

```cpp
class CStudentList
{
public:
    CStudentList() : head(NULL), count(0) { }
    ~CStudentList()                               由于学生类与该类是组合关系,故
    {                                             析构该类的对象时要同时析构其中
        CNode * tmp = head.next;                  的结点及结点中的学生对象
        while (NULL != tmp)
        {
            head.next = tmp -> next;
            delete tmp;
            tmp = head.next;
        }
    }

    void add(CStudent * p)                        添加一个学生到链头,其中指针p
    {                                             指向堆中的一个CStudent对象,且
        CNode * tmp = new CNode(p);               执行之后该对象由CStudentList管理
        tmp -> next = head.next;
        head.next = tmp;
        ++count;
    }
                                                  根据学号删除学生,其成功则返回0;若
    int del(int num)                              查无此人则返回1;若引用数不为0,则
    {                                             不能删除,返回2
        CNode * tmp = head.next, * pre = NULL;
        while (NULL != tmp)
        {
            if (tmp -> pstu -> get_number() != num)
            {
                pre = tmp;
                tmp = tmp -> next;
            }
            else
```

```
                break;
        }
        if (NULL == tmp)                        //查无此人
            return 1;
        else if(tmp->ref > 0)                   //引用数不为0,不能删除
            return 2;
        else
        {
            pre->next = tmp->next;
            delete tmp;
            --count;
            return 0;
        }
    }

    CNode * get(int num) const
    {
        CNode * tmp = head.next;
        while (NULL != tmp)
        {
            if (tmp->pstu->get_number() != num)
                tmp = tmp->next;
            else
                break;
        }
        if (NULL == tmp)                        //查无此人
            return NULL;
        else
            return tmp;
    }

    int get_count() const { return count; }

    void show() const
    {
        cout << "学号\t姓名\t专业\t成绩\t引用计数" << endl;
        CNode * tmp = head.next;
        while (NULL != tmp)
        {
            cout << tmp->pstu->get_number() << "\t"
                << tmp->pstu->get_name().get_string() << "\t"
                << tmp->pstu->get_major().get_string() << "\t"
                << tmp->pstu->get_score() << "\t"
                << tmp->ref << endl;
            tmp = tmp->next;
        }
    }

private:
    //复制构造函数和赋值运算符函数声明为私有的,禁止调用
    CStudentList(const CStudentList &);
    CStudentList & operator = (const CStudentList &);

    CNode head;
    int count;
};
```

通过学号取得学生所在结点的地址,如果不存在则返回空指针

列表输出全部学生信息

实际应用中,由于复制学生列表类 CStudentList 无明显意义,因此可以将它设计为单件类,请自行完成。

再看 CAssociation 类的实现。与 CStudentList 类似,由于其管理的学生的个数不定,因此可考虑使用链表存储或使用动态数组存储。这里使用动态数组。由于该类管理的学生与该类是聚合关系,因此该类封装一个结点类的二级指针 ppList 和表示该数组中结点指针个数的计数 count,同时还封装了一个 MyString 类的对象 name 来存储社团的名字;该类提供的功能有检查一个结点是否已在社团中的 exist( ) 函数、增加一名学生的 add( ) 函数、删除学生的 del( ) 函数以及列表显示全部学生的 show( ) 函数;另外,这里把复制构造函数和赋值运算符函数设为私有的,防止通过对象调用它们,当然,读者可以自行实现它们,为类提供更强的功能;对于析构函数,由于学生与社团类之间是聚合关系,因此在社团类的析构函数中只需要回收动态数组 ppList 即可,不需要回收该数组各元素指向的学生信息,但在析构时需要先将学生移出社团再回收动态数组,即将相关的学生结点的引用计数减 1 然后再回收指针数组。该类的实现如下:

```cpp
class CAssociation
{
public:
    CAssociation(MyString & s) : name(s), ppList(NULL), count(0) { }
    ~CAssociation()
    {
        for (int i = 0; i < count; ++i)
            -- ppList[i] -> ref;
        delete[ ] ppList;
    }

    int index(CNode * p)
    {
        int i = 0;
        for (i = 0; i < count; ++i)
        {
            if (p == ppList[i])
             return i;
        }
        return - 1;
    }

    void add(CNode * p)
    {
        if (NULL == p || index(p) >= 0)            //指针无效或已在社团中
            return;
        else
        {
            CNode ** tmp = new CNode * [count + 1];
            for (int i = 0; i < count; i++)
                tmp[i] = ppList[i];
            tmp[count] = p;
            ++tmp[count] -> ref;                   //引用计数加 1
            delete[ ] ppList;
            ppList = tmp;
            ++count;
        }
```

由于学生与社团是聚合关系,故此处只需要回收指针ppList指向的空间,但在此之前先将学生结点的引用计数减1

检查指针p指向的结点是否已在社团中,若已在则返回其索引,否则返回-1

添加一名学生。如果指针p有效,需要扩充空间,然后复制原有指针,最后添加指针p到数组末尾并将其所指结点的引用计数加1

```
    }
    int del(CNode * p)          ┌─ 从社团中删除指向指针p所指结点的指针,
    {                           │   若成功删除则返回0；如果学生不在社团
                                │   则返回3。删除指针前需要将相应结点的
        int i = index(p);       └─  引用计数减1
        if (i < 0)                              //学生不在社团中
            return 3;
        else
        {
            --ppList[i]->ref;                   //引用计数减 1
            CNode ** tmp = NULL;
            if(count > 1)
                tmp = new CNode * [count - 1];

            for (int j = 0; j < count; j++)
            {
                if (j == i)
                    continue;
                if (j < i)
                    tmp[j] = ppList[j];
                else
                    tmp[j - 1] = ppList[j];
            }
            delete[] ppList;
            ppList = tmp;
            -- count;

            return 0;
        }
    }

    void show() const
    {
        cout << name.get_string() << "成员名单: " << endl;
        cout << "学号\t 姓名\t 专业\t 成绩" << endl;
        for(int i = 0; i < count; i++)
        {
            cout << ppList[i]->pstu->get_number() << "\t"
                 << ppList[i]->pstu->get_name().get_string() << "\t"
                 << ppList[i]->pstu->get_major().get_string() << "\t"
                 << ppList[i]->pstu->get_score() << endl;
        }
    }

private:
    CAssociation(const CAssociation &);
    CAssociation & operator = (const CAssociation &);

    MyString name;
    CNode ** ppList;
    int count;
};
```

类 CStudentList 中的 del() 函数和 CAssociation 的 del() 函数的返回值是错误码。为根

据错误码输出错误信息,可以编写相应的错误提示并设计简单的错误信息处理函数。为此,在 studentlist. h 中声明 showError()函数的原型,并在文件 studentlist. cpp 中编写如下代码实现。

```
# include < iostream >
# include "studentlist. h"
using namespace std;

char ErrorMsg[ ][100] = { "",                                    //0(无错误)
                        "查无此人!",                             //1
                        "被其他数据引用,不能删除!",              //2
                        "不在社团中!" };                         //3

void showError(int idx) { cout << ErrorMsg[ idx ] << endl; }
```

对于获取错误信息的功能来说,这里没有将它封装为类,而是使用了一个全局函数。当然可以将它封装为类,请读者自行完成。

最后给出测试主程序,其实现在 main. cpp 文件中:

```
# include < iostream >
# include"student. h"
# include"studentlist. h"
using namespace std;

int main()
{
    int code = 0;
    CNode * p = NULL;
    CStudentList stuList;
    CStudent * pstu1, * pstu2, * pstu3, * pstu4;
    pstu1 = new CStudent(1, MyString("Zhang"), MyString("computer"), 100);
    pstu2 = new CStudent(2, MyString("Wang"), MyString("computer"), 90);
    pstu3 = new CStudent(3, MyString("Zhao"), MyString("computer"), 80);
    pstu4 = new CStudent(4, MyString("Li"), MyString("computer"), 70);
    stuList.add(pstu1);
    stuList.add(pstu2);
    stuList.add(pstu3);
    stuList.add(pstu4);

    cout << "列出所有学生" << endl;
    stuList. show();

    {
      MyString name("雷锋志愿者");
      CAssociation association(name);            //构造社团对象 association
      cout << "依次将学号为 1、2、3 的学生加入协会,列出协会当前的学生" << endl;
      p = stuList. get(1);
      association. add(p);

      p = stuList. get(2);
      association. add(p);

      p = stuList. get(3);
```

```
      association.add(p);
      association.add(p);                      //学号为 3 的学生已在社团,不会重复加入

      association.show();                       //协会中有三名学生

      cout << "试图将学号为 5 的学生加入协会,列出协会当前的学生" << endl;
      p = stuList.get(5);                       //学号为 5 的学生不存在,故 p 为 NULL
      if (NULL != p)
         association.add(p);
      else
      {
         cout << "学号为 5 的学生: ";
         showError(1);
      }

      cout << "试图删除学号为 3 的学生,列出剩余的学生" << endl;
      code = stuList.del(3);            由于学号为3的学生在协会中,因
      if (code > 0)                    此引用计数不为0,故无法删除
      {
         cout << "删除学号为 3 的学生: ";
         showError(code);
      }
      stuList.show();

      cout << "试图将学号为 4 的学生移出协会,列出协会当前的学生" << endl;
      p = stuList.get(4);                       //学号为 4 的学生是存在的,故 p 不为 NULL
      if (NULL != p)
      {                              由于学号为4的学生不
         code = association.del(p);    在协会中,故移除失败
         if (code > 0)
         {
            cout << "将学号为 4 的学生移出协会: ";
            showError(code);
         }
      }
      else
      {
         cout << "将学号为 4 的学生移出协会: ";
         showError(1);
      }
      association.show();

      cout << "将学号为 3 的学生移出协会,列出协会当前的学生" << endl;
      p = stuList.get(3);                       //学号为 3 的学生是存在的,故 p 不为 NULL
      if (NULL != p)
      {
         code = association.del(p);             //学号为 3 的学生在协会中,故删除成功
         if (code > 0)
         {
            cout << "将学号为 3 的学生移出协会: ";
            showError(code);
         }
      }
      else
      {
```

```
            cout << "将学号为 3 的学生移出协会: ";
            showError(1);
        }
        association.show();

        cout << "删除学号为 3 的学生,列出剩余的学生" << endl;
        code = stuList.del(3);              //此时学号为 3 的学生的引用计数为 0,删除成功
        if (code > 0)
        {
            cout << "删除学号为 3 的学生: ";
            showError(code);
        }
        stuList.show();
    }                                       //超出社团对象 association 的生存期,该对象被析构
    cout << "列出所有学生" << endl;
    stuList.show();                         //由于社团对象已析构,故所有学生的引用计数为 0

    return 0;
}
```

运行该程序,输出如下:

```
列出所有学生
学号      姓名        专业          成绩        引用计数
4         Li          computer      70          0
3         Zhao        computer      80          0
2         Wang        computer      90          0
1         Zhang       computer      100         0
依次将学号为 1、2、3 的学生加入协会,列出协会当前的学生
雷锋志愿者成员名单:
学号      姓名        专业          成绩
1         Zhang       computer      100
2         Wang        computer      90
3         Zhao        computer      80
试图将学号为 5 的学生加入协会,列出协会当前的学生
学号为 5 的学生: 查无此人!
试图删除学号为 3 的学生,列出剩余的学生
删除学号为 3 的学生: 被其他数据引用,不能删除!
学号      姓名        专业          成绩        引用计数
4         Li          computer      70          0
3         Zhao        computer      80          1
2         Wang        computer      90          1
1         Zhang       computer      100         1
试图将学号为 4 的学生移出协会,列出协会当前的学生
将学号为 4 的学生移出协会: 不在社团中!
雷锋志愿者成员名单:
学号      姓名        专业          成绩
1         Zhang       computer      100
2         Wang        computer      90
3         Zhao        computer      80
将学号为 3 的学生移出协会,列出协会当前的学生
雷锋志愿者成员名单:
学号      姓名        专业          成绩
1         Zhang       computer      100
2         Wang        computer      90
```

```
删除学号为3的学生,列出剩余的学生
学号      姓名      专业          成绩      引用计数
4        Li       computer     70       0
2        Wang     computer     90       1
1        Zhang    computer     100      1
列出所有学生
学号      姓名      专业          成绩      引用计数
4        Li       computer     70       0
2        Wang     computer     90       0
1        Zhang    computer     100      0
```

本例只考虑了一个社团、多名学生的情况。对于多个社团、多名学生的情况,读者自行思考解决。

3.6 小　　结

本章主要介绍类的封装和类间的主要关系。类是某类事物的抽象,是描述该类事物的数据结构,一般包括数据成员和在其上定义的操作。可以为类的成员设置访问控制,不过数据成员一般都设为私有的(private)或受保护的(protected),体现封装性;函数成员根据需要可设为私有的(private)、受保护的(protected)和公有的(public)。公有成员能够从类外访问;而私有和受保护成员只能在类内部访问,也就是在定义类的代码中访问。

构造函数、析构函数、复制构造函数和赋值运算符函数是设计类时需要特别注意的函数。构造函数名与类名相同,没有返回值,在一个对象从无到有时(即分配内存初始化时)自动调用;构造函数可以有重载;当没有提供构造函数时,编译器会自动提供一个无参的构造函数且在函数体中什么都不做,但是,如果为类提供了一个构造函数——无论何种形式,编译器就不再提供无参的构造函数了。析构函数名为在类名前加一个波浪号“～”,该函数没有返回值,也没有参数,在对象超出生存期而消亡时自动调用它,用来执行一些清理工作(主要是回收对象中使用的堆内存);注意,显式调用析构函数并不会使对象消亡,反而容易造成堆内存的使用错误,因此永远不要显式调用析构函数。如果没有为类提供复制构造函数和赋值运算符函数,则编译器会自动提供它们,但只完成浅复制的功能;如果类中使用了堆内存,则需要为类编写完成深复制功能的复制构造函数和赋值运算符函数。

类的定义完成后,可以用来组合出更复杂的类,称这个更复杂的类为组合类。在设计组合类的构造函数时,通常会在初始化列表中调用各成员对象的构造函数。构造一个组合类对象时,首先按各成员对象在类中定义的顺序构造它们,然后才执行组合类的构造函数体。如果在组合类的构造函数的初始化列表中没有调用成员对象的构造函数,则会自动调用成员对象的默认构造函数。组合类的析构函数的调用顺序与构造过程完全相反。

为提高程序的运行效率,可以将类中的一些短小又不复杂的函数声明为内联函数。内联函数是内链接的,因此通常在头文件中实现。内联关键字 inline 只是表达一个要求,是否真的内联由编译器根据其内部的启发式规则确定。

为了实现对象间的内存共享,C++为类提供了静态成员。静态成员从属于类而不从属于具体的对象。

另外,类中可定义常成员,也可以将对象定义为常变量,称为常对象。

现实中的事物都不是孤立存在的,都与其周围的事物存在着联系。类与类之间也是这样,存在着关联关系。如果更进一步分析,通常会将关联关系具体化为聚合关系、组合关系或继承关系。聚合关系是类间的弱拥有关系(或称指针拥有关系),聚合类对象的消亡不意味着其拥有的对象同时消亡,就像社团的解散不意味着该社团的成员随之消亡一样。组合关系是类间的强拥有关系(或称值拥有关系),组合类对象的消亡意味着其成员对象随之消亡。继承关系是抽象与具体的关系,通常有"是一个"关系。此外,类间还有友元关系,这是一个单向、不可传递、不可继承的关系。

3.7 习　　题

1. 类的访问控制关键字有哪些? 它们的作用是什么? 举例说明。

2. 类的构造函数在格式上有什么要求? 其作用是什么? 如果没有定义构造函数,则该类的对象的构造方式是什么?

3. 类的析构函数在格式上有什么要求? 其作用是什么? 如果没有定义析构函数,则该类的对象的析构方式是什么? 可以显式调用析构函数吗?

4. 编译器提供的默认复制构造函数是什么样的? 什么情况下必须编写复制构造函数?

5. 编译器提供的默认赋值运算符函数是什么样的? 什么情况下必须编写赋值运算符函数?

6. 组合类对象的构造过程是什么? 析构过程是什么?

7. 设计内联函数的注意事项有哪些? 如果一个类的成员函数定义在类外,应如何使用inline 关键字?

8. 举例说明如何设计类的静态成员。静态数据成员存储在哪里? 静态函数成员中可以使用 this 指针吗?

9. 为什么类的常成员函数只能调用常成员函数?

10. 对于本章中的 MyString 类,如果不为其编写构造函数、析构函数、复制构造函数和赋值运算符函数,分别会发生什么问题? 给出这些函数的实现。

11. 简述类或对象之间的关联关系、聚合关系、组合关系和友元关系。

12. 改正下面程序中的错误。

```
class B
{
    int  i = 0;
public:
    void B();
    ~B(int value);
};

void test()
{
    B a, b(0);
    a.i = 2;
    b.~B(0);
}
```

13. 改正下面程序中的错误。

```
class A
{
private:
    A() { }
```

```
    A(const A a) { }
};
int main()
{
    A a; return 0;
}
```

14. 改正下面程序中的错误。

```
class A
{
    A(int a) { this -> a = a;}
private:
    const int a;
};
```

15. 改正下面程序中的错误。

```
class A
{
public:
    void f1() { cout << x++<< " " << y++<< endl; }
    static f2() { cout << x++<< " " << y++<< endl; }
private:
    int x;
    static int y;
};
int main()
{
    A a;
    a.f1();
    a.f2();
    return 0;
}
```

16. 写出下面程序的输出,分析程序有哪些不足并加以改正。

```
# include < iostream >
using namespace std;
class A
{
public:
    A() { p = new int; }
    void set(int a) { * p = a; }
    int get() const { return * p; }
private:
    int * p;
};
int main()
{
    A a1, a2;
    a1.set(1);
    cout << a1.get() << endl;
    a2 = a1;
```

```
    a2. set( - 1);
    cout << a1. get() << endl;
    A a3(a1);
    cout << a3. get() << endl;
    return 0;
}
```

17. 写出下面程序的输出。

```
# include < iostream >
using namespace std;
class A
{
public:
    A(){ cout << "A 的构造函数" << endl; }
    ~A(){ cout << "A 的析构函数" << endl; }
};
class B
{
public:
    B(){ cout << "B 的构造函数" << endl; }
    ~B(){ cout << "B 的析构函数" << endl; }
};
void fun() { static A a; }
int main()
{
    B b;
        static A a;
    fun();
    a. ~A();
}
```

18. 写出下面程序的输出。

```
# include < iostream >
using namespace std;
class A
{
public:
    A() { cout << "A 类的默认构造函数" << endl; }
    A(const A & a) { cout << "A 类的复制构造函数" << endl; }
    ~A() { cout << "A 类的析构函数" << endl; }
    A & operator = (const A & a)
    { cout << "A 类的赋值运算符" << endl; return * this; }
};
A  func1(const A a) { return a; }
A & func2(A & a) { return a; }
int main()
{
    A a, b[2];
    b[0] = func1(a);
    b[1] = func2(a);
    return 0;
}
```

第
3
章

19. 写出下面程序的输出。

```cpp
#include<iostream>
using namespace std;
class A
{
    static int inc;
    static int count;
    int id;
public:
    A()
    {
        count++;
        id = inc++;
        cout << "id = " << id << ", count = " << count << endl;
    }
    ~A() { count--; }
};
int A::inc = 0;
int A::count = 0;
static A a;

int main()
{
    A a;
    {
        A a;
    }
    A b;
    return 0;
}
```

20. 写出下面程序的输出。类 A 的复制构造函数能正确复制吗？如果不能请改正。

```cpp
#include<iostream>
using namespace std;
class Item
{
public:
    Item() { id = 0; cout << "Item 的默认构造函数" << endl; }
    Item(int id)
    { this->id = id; cout << id << " Item 的有参构造函数" << endl; }
    Item(const Item & item) { cout << "Item 的复制构造函数" << endl; }
    ~Item() { cout << id << " Item 的析构函数" << endl; }
private:
    int id;
};
class A
{
public:
    A() { cout << "A 的默认构造函数" << endl; }
    A(int a, int b) : item2(a), item1(b)
    {
        cout << "A 的有参构造函数" << endl;
    }
```

```
    A(const A & a) { cout << "A 的复制构造函数" << endl; }
    ~A() { cout << "A 的析构函数" << endl; }
private:
    Item item1, item2;
};
int main()
{
    A a, b(1, 2);
    a = b;
    A d(b);
}
```

21. 设计二维平面上的点类 CPoint，为其设计友元函数完成计算两点间距离的功能；另设计一个 CPoint 的友元类完成计算两点间距离的功能。

22. 编写封装完善的 MyString 类并测试，要求有多个构造函数、完成深复制的复制构造函数和赋值运算符函数、统计对象个数的静态变量和访问静态变量的静态函数，以及一些其他功能函数（包含供常对象使用的常成员函数）；练习掌握内联函数的使用。

23. 对于学生（包含姓名、学号、成绩等），完善封装学生类 CStudent，其中学生的姓名、学号要使用 22 题的 MyString 类的对象存储；完善封装学生列表类 CStudentList 保存数量不定的学生，并在这个类中实现增加学生、按学号删除、修改学生信息、显示学生信息的功能，显示学生信息的函数要有重载版本；为以上两个类合理设计常成员。

24. 设计学生社团类 CAssociation，在第 23 题的基础上完成社团成员添加、删除的功能。注意社团与学生间的聚合关系。

25. 设计汽车类 Car，它有数量不定的车轮；设计车轮类 Wheel，其中封装车轮的品牌规格等信息；要求 Car 与 Wheel 间构成组合关系。

第 4 章　运算符重载

运算符重载实际上是函数重载的一种,即重载的是运算符函数,其目的是使类变得容易使用。运算符函数的调用形式不同于普通函数的调用形式:调用普通函数时,参数总是出现在参数表中;而调用运算符函数时,参数作为运算符的操作数。本章介绍运算符重载的相关内容,并着重介绍几个常用运算符的重载方法。

4.1　运算符重载的一般形式

视频讲解

在 C++语言中,运算符实际上是一个函数,称为运算符函数,它的名称为 operatorX,这里字符 X 表示运算符,如=、+、+=、++、[]等。C++语言中的许多一元和二元运算符都可以被重载,但并不是所有的运算符都可以被重载。不可被重载的运算符有成员选择运算符(.)、成员指针逆向引用运算符(.*)、域作用运算符(::)、sizeof 运算符和唯一的三元运算符(?:)。

通常,运算符有两种重载形式:重载为类的成员函数和重载为外部函数——通常为类的友元函数。在 MyString 类中,已经重载过赋值运算符(=)。下面以加号运算符(+)为例来说明运算符的一般重载形式。

对于第 3 章中设计的 MyString 类,由于之前没有重载加号运算符,因此不能执行两个 MyString 类的对象的相加,例如下面的程序会出现编译错误。

```
MyString str1("I love "), str2("C++!");
str1 = str1 + str2;              //未重载加号运算符,会出现编译错误
```

不过,使用加号运算符连接两个字符串看起来很直观,因此可以重载加号运算符完成连接两个字符串的功能。以成员函数形式为 MyString 类重载加号运算符如例 4.1 所示,这样,上面的程序就能够正常运行了。

【例 4.1】　以成员函数形式为 MyString 类重载加号运算符。

```
1.    //file: MyString.h
2.    #ifndef __MYSTRING_H__
3.    #define __MYSTRING_H__
4.    # include < iostream >
5.    using namespace std;
6.    class MyString
7.    {
8.    public:
9.       ...
10.      MyString operator + (const MyString & str) const;
11.      ...
12.   };
13.   #endif

14.   //file: MyString.cpp
```

```
15.    # include "MyString. h"
16.    ...
17.    MyString MyString::operator + (const MyString & str) const
18.    {
19.        MyString tmp( * this);
20.        tmp. append(str);
21.        return tmp;
22.    }

23.    //file: main.cpp
24.    # include"MyString.h"
25.    # include < iostream >
26.    using namespace std;

27.    int main()
28.    {
29.        MyString str1("I love "), str2("C++!"), str3;
30.        str3 = str1 + str2;              //执行加法运算并将结果赋值给对象 str3
31.        cout << str3. get_string() << endl;
32.        return 0;
33.    }
```

例 4.1 省去了许多函数的定义和实现,例如,构造函数、复制构造函数、append()函数、赋值运算符的重载等,而仅给出加号运算符的定义和实现。

在以成员函数的形式给出加号运算符的重载后,main()函数中的表达式"str1 + str2"才变得有意义。在程序运行时,该处的加号运算实际上是调用了加号运算符函数,其中的调用者是加号前面的对象 str1,而函数的参数是加号后面的对象 str2,其调用形式是"str1.operator+(str2)"。由此可见,当将运算符重载为成员函数时,该函数的参数在形式上要比实际上需要的参数少一个,因为另一个参数隐含在 this 指针中。由于加法运算不应改变两个操作数的值,因此在其实现中需要定义一个局部的 MyString 对象以存储两个字符串的连接结果;同时,为将该结果返回,函数的返回值应为 MyString 类型,而不能使用 MyString 类型的引用。

在例 4.1 中,对于语句"str3 = str1 + str2;",考虑到赋值运算符也被重载为成员函数,因此该语句就相当于语句"str3. operator = (str1. operator + (str2))"。该语句执行后,对象 str3 中保存的字符串为"I love C++!"。另外,为使常对象也能调用加号运算符函数,需将其重载为常成员函数。

运算符重载的另一种形式是重载为外部函数。例如,以外部函数形式为 MyString 类重载加号运算符如例 4.2 所示(这里将其声明为友元函数)。

【例 4.2】 以外部函数形式为 MyString 类重载加号运算符。

```
1.    //file: MyString.h
2.    # ifndef __MYSTRING_H__
3.    # define __MYSTRING_H__
4.    # include < iostream >
5.    using namespace std;
6.    class MyString
7.    {
8.        ...
9.        friend MyString operator + (const MyString & str1, const MyString & str2);
10.       ...
```

```
11.    };
12.    ♯endif

13.    //file: MyString.cpp
14.    ♯ include "MyString.h"
15.    ...
16.    MyString operator + (const MyString & str1, const MyString & str2)
17.    {
18.        MyString tmp(str1);
19.        tmp. append(str2);
20.        return tmp;
21.    }
```

由例 4.2 可见,将加号运算符重载为外部函数的形式时,其参数表中有两个参数,其中第一个参数代表出现在加号运算符左边的那个对象,第二个参数代表出现在加号运算符右边的那个对象。此时,对于例 4.1 中的表达式"str1 ＋ str2"来说,实际上调用了运算符函数"operator＋(str1,str2)"。另外,由于例 4.2 的加号运算符中没有访问 MyString 类的私有成员,因此可不声明为 MyString 类的友元函数。

通常,将运算符重载为成员函数时,其参数表中的参数个数比其实际需要的参数个数少一个;将运算符重载为外部函数的形式时,其参数表中的参数个数与其实际需要的一样多。但也有例外,那就是后置的一元运算符＋＋和－－。对于前置＋＋、－－和后置＋＋、－－的重载在 4.2.4 节详细介绍。

另外,运算符重载还需要遵循以下规则。

(1) 只能重载 C++语言中已有的运算符,不可臆造运算符。

(2) 不能改变运算符的优先级、结合性、操作数个数。

(3) 如果运算符重载为成员函数的形式,则运算符函数的调用者必须是对象。

(4) 重载运算符或者是非静态的成员函数,或者是一个外部函数。如果该外部函数需要访问私有或受保护的成员,则需要声明为该类的友元函数。

(5) 运算符重载不能有默认的形参值。

(6) ＝、[]、()、－＞ 只能被重载为成员函数。

(7) 除赋值运算符(＝)不能被继承外,其他运算符的重载均可被继承。

(8) 若没有重载运算符,编译器不会自动提供重载,但赋值运算符除外。

4.2 典型的运算符重载

视频讲解

本节介绍几个典型的运算符,其中赋值运算符(＝)、下标运算符([])和函数调用运算符只能重载为成员函数的形式;自增/自减运算符可重载为成员函数的形式,也可重载为外部函数的形式。另外,虽然流对象使用的提取符(>>)和插入符(<<)也是常用的运算符,但它们与文件的使用密切相关,因此将在第 5 章介绍流类库与输入输出时一并介绍。

4.2.1 赋值运算符

赋值运算符只能重载为类的成员函数,在 3.2.4 节已经给出了重载该运算符的例子。在那里,赋值运算符函数完成的是将一个 MyString 类型的对象赋值给另一个 MyString 类型的对象——称为复制赋值运算符函数,并完成"深复制"的功能。

不过,出现在赋值运算符两侧的变量或数据不一定总是同一类型的,如语句"str＝"I love

C++!";"（其中 str 是 MyString 类型的对象）。这个语句的含义很明确,即给对象 str 重新赋值。这个功能当然可以通过调用 set_string()函数实现,但毕竟上面的写法也很清晰易懂,因此有理由给出赋值运算符的另一个重载形式,称为转型赋值运算符函数,其实现如下:

```
MyString & MyString::operator = (const char * p)
{
    this -> set_string(p);
    return * this;
}
```

4.2.2 下标运算符

下标运算符([])必须重载为成员函数,它需要一个参数。另外,使用下标运算符时往往意味着其操纵的是一个对象数组,返回的是数组中的对象且该对象通常可以方便地用在赋值运算符的左侧作为左值,因此该运算符的返回值类型经常是对象的引用。当然,为了方便常对象的使用,也需要提供对应的常成员函数,而此时的返回值不适合为引用类型。为 MyString 类重载下标运算符如例 4.3 所示,其功能是取给定索引的字符。

【例 4.3】 为 MyString 类重载下标运算符。

```
1.   //file: MyString.h
2.   # ifndef __MYSTRING_H__
3.   # define __MYSTRING_H__
4.   # include < iostream >
5.   using namespace std;
6.   class MyString
7.   {
8.   public:
9.       ...
10.      char & operator[](const int idx);            //非常版本,返回引用
11.      const char operator[] (const int idx) const;  //常版本,返回值
12.      ...
13.  };
14.  # endif

15.  //file: MyString.cpp
16.  # include "MyString.h"
17.  ...
18.  char & MyString::operator[](const int idx)
19.  {
20.      if(idx < 0 || idx > = strlen(m_pbuf))
21.          exit(1);
22.      return m_pbuf[idx];
23.  }

24.  const char MyString::operator[] (const int idx) const
25.  {
26.      if(idx < 0 || idx > = strlen(m_pbuf))
27.          exit(1);
28.      return m_pbuf[idx];
29.  }

30.  //file: main.cpp
31.  # include"MyString.h"
```

75

第 4 章

```
32.    # include < iostream >
33.    using namespace std;

34.    int main()
35.    {
36.        MyString str("I love c++!");
37.        str[7] = 'C';
38.        cout << str.get_string() << endl;
39.        const MyString s("I love C++!");
40.        cout << s[7] << endl;

41.        return 0;
42.    }
```

重载了下标运算符后,main()函数中的语句"str[7] = 'C';"就可以执行了,此时调用的是非常成员函数的重载版本;该语句将对象 str 中字符串的下标为 7 的字符(即小写字符'c')改成大写字符'C'。为方便取得一个常对象的某个字符,如例 4.3 中取常对象 s 的下标为 7 的字符,则需要提供一个常成员函数的重载版本;由于常成员函数不应修改类的数据成员,因此该版本的返回值是字符类型。

4.2.3　函数调用运算符

函数调用运算符是一个比较特殊的运算符,与赋值运算符和下标运算符一样,只能被重载为成员函数。但与其他运算符有固定的参数个数不同,该运算符的重载函数可以有多个参数,也可以没有参数,其一般的声明形式如下:

```
返回值类型 operator()(参数表);
```

仍然以 MyString 类为例。假设 str 是 MyString 类的对象,且 MyString 类中重载了函数调用运算符,其原型如下:

```
MyString & operator()(const char * p);
```

其完成的功能是将参数 p 指向的字符串赋值给对象,即执行了语句"str("I love C++!");"后,对象 str 中保存的字符串的值是"I love C++!"。为此,需要的函数调用运算符的实现如下:

```
MyString & MyString::operator()(const char * p)
{
    set_string(p);
    return * this;
}
```

如果函数调用运算符只需要复制前若干个字符给字符串对象,则可以通过添加一个参数,将该运算符函数声明为下面的形式,其实现请自行给出。

```
MyString & operator()(const char * p, int n);
```

4.2.4　自增和自减运算符

自增和自减运算符包括前置++、前置--、后置++、后置--运算符,它们既可以重载为成员函数,又可以重载为外部函数。由于它们都是一元运算符,因此在重载时就会出现如下困境:根据前面的规则,如果重载为成员函数,则函数都不带参数,那么在使用它们时,应该调用前置运算符,还是应该调用后置运算符? 当重载为外部函数时,也同样会出现这个问题。为此,C++语言对后置++和--运算符的重载做了特殊的处理:当重载为成员函数时,它们带有一个 int 类型的参数,但该参数并不参与函数的功能设计,而仅用于区分前置运算符的重载。例如将后置++运算符重载为成员函数时,其声明形式可为"X operator++(int);",其中 X 表示返回值类型;当重载为外部函数时,它带有两个参数,其中第一个是对象的引用,第二个是 int 类型,其声明形式可为"X operator++(Y & a, int);",其中 X 表示返回值类型,Y 代表类的名字——通常 X 和 Y 是一致的,但并不强制要求这样做。另外,还要注意,在实现前置运算符时,需要返回运算后的值,因此可以直接在原来的数据上运算,函数的返回值类型可使用引用类型;在实现后置运算符时,需要返回运算前的值,因此需要复制一份数据用来保存运算之前的值,然后在当前的数据上执行需要的运算,最后返回先前保存的运算之前的值,因此返回值不能使用引用类型。

如例 4.4 中的大整数类,其封装的大整数由 4 个 int 类型的数据拼接而成,并保存在数据成员 pbuf 中;在例 4.4 中,为理解上稍微方便,采用一万进制,且对于负值大整数使用补码编码,第一位数值的第一个数字为 9。例如大整数最大值为 9999999,则该大整数表示为"09999999",如果该大整数再加一,则会溢出,变成负值 10000000,表示为"90000000"。在这个类中,在实现前置++运算符时,直接在封装的数据上运算,然后使用引用类型返回运算后的值;在实现后置++运算符时,先使用复制构造函数构造一个临时对象用来保存运算之前的值,然后使用已经实现的前置++运算符在封装的数据上执行运算,最后将前述的临时对象返回。注意,此时使用的是值返回而不是引用类型返回。大整数类中的前置++和后置++运算符的实现如例 4.4 所示。

【例 4.4】 大整数类中的前置++和后置++运算符的实现。

```
1.    //file: bigint.h
2.    #ifndef __bigint_h__
3.    #define __bigint_h__
4.    ...
5.    class CBigInt
6.    {
7.    public:
8.      CBigInt()
9.      {
10.        pbuf = new int[SIZE];
11.        memset(pbuf, 0, SIZE * sizeof(int));
12.      }

13.      CBigInt(const CBigInt & big)
14.      {
15.        pbuf = new int[SIZE];
16.        memcpy(pbuf, big.pbuf, SIZE * sizeof(int));
17.      }

18.      ~CBigInt()
19.      {
20.        delete[] pbuf;
21.      }

22.      CBigInt & operator++()          //前置++运算符
23.      {
```

```
24.          int i = SIZE - 1;
25.          while(i >= 0)
26.          {
27.              pbuf[i]++;
28.              if (pbuf[i] >= BASE)
29.              {
30.                  pbuf[i] -= BASE;
31.                  i--;
32.              }
33.              else
34.                  break;
35.          }
36.          if (pbuf[0] == BASE)
37.              pbuf[0] = 0;
38.          else if (pbuf[0] == BASE / 10)
39.              pbuf[0] = 9000;
40.          return * this;
41.      }

42.      CBigInt operator++(int)              //后置++运算符
43.      {
44.          CBigInt big( * this);            //复制当前对象
45.          this -> operator++();            //当前对象值增 1
46.          return big;                      //返回先前复制的对象
47.      }
48. private:
49.      static int BASE;         //每个部分的基数,这里是 10000
50.      static int SIZE;         //当前进制下大整数的位数,例如 99999999 在万进制下是 2 位
51.      int * pbuf;              //保存大整数,高位前,低位后,第一位首数字为 0 表示非负,9 表示负
52. };

53.   #endif

54.   //file: bigint.cpp
55.   #include"bigint.h"
56.   int CBigInt::BASE = 10000;
57.   int CBigInt::SIZE = 4;     //大整数由 4 个整型数值组成
```

4.3　自动类型转换

视频讲解

在 C/C++语言中,如果一个表达式或函数调用使用了一个不合适的类型,它经常会尝试执行类型转换。在 C++语言中,可以通过定义自动类型转换函数为用户自定义类型提供自动类型转换的功能。下面介绍使用运算符重载的方法实现自动类型转换的功能。

通过运算符重载完成自动类型转换的方法是为类设计一个成员函数,该函数不带参数且名字是要转换到的类型。另外,该函数没有返回值类型(返回值类型就是函数名)且在函数名之前有关键字 operator。MyString 类型自动转换为"const char * "类型的自动转换运算符的实现如例 4.5 所示。

【例 4.5】　MyString 类型自动转换为"const char * "类型的自动转换运算符的实现。

```
1.    //file: MyString.h
2.    #ifndef __MYSTRING_H__
```

```
3.      #define __MYSTRING_H__
4.      #include <iostream>
5.      using namespace std;
6.      class MyString
7.      {
8.      public:
9.          …
10.         operator const char * () const { return m_pbuf; }        //自动类型转换运算符
11.         …
12.     };
13.     #endif

14.     //file: main.cpp
15.     #include "MyString. h"
16.     #include <iostream>
17.     using namespace std;

18.     void fun(const char * p)
19.     {
20.         cout << p << endl;
21.     }

22.     int main()
23.     {
24.         MyString str("I love C++!");
25.         fun(str);
26.         return 0;
27.     }
```

在例 4.5 中,函数 fun()需要一个类型为"const char *"的参数,但在 main()函数中调用此函数时却传递了 MyString 类的对象 str,因此会尝试执行类型转换。由于提供了类型自动转换的运算符,所有要求"const char *"类型的地方都可以使用 MyString 类型的对象,因此上述 fun()函数可以成功调用。通过定义自动类型转换运算符,可以减少许多编程工作量,例如在本例中,就不需要再重载一个需要 MyString 类型参数的 fun()函数了。

例 4.5 是将 MyString 类型自动转换为其他类型的例子,那么,能够将其他类型自动转换为 MyString 类型吗?这就需要进一步介绍转型构造函数。转型构造函数是带有一个参数且不为复制构造函数的构造函数,在需要类型转换时,编译器会自动寻找合适的转型构造函数尝试类型转换。例 3.3 中的"MyString(const char * p);"即为转型构造函数。此时,下面程序的运行过程是:调用 fun()函数时,由于类型不匹配,因此会调用上述转型构造函数构造一个临时对象并用该临时对象初始化 fun()函数的形参 s,在 fun()函数执行完毕后析构临时对象。注意,由于转型构造函数默认构造一个常对象,因此 fun()函数的引用类型的参数必须是常量;如果 fun()函数的参数采用值传递,则其参数 s 可不为常量,此时调用 fun()函数的执行过程为:调用转型构造函数构造形参对象 s,在 fun()函数执行完毕后析构形参对象 s。

```
void fun(const MyString & s)
{
    cout << s;
}

int main()
```

```
{
    fun("I love C++!");
    return 0;
}
```

转型构造函数的调用也可能发生在赋值语句中。例如在没有为 MyString 类提供如 4.2.1 节定义的转型赋值运算符函数的情况下,下面程序第 2 行的执行过程是先调用上述转型构造函数构造一个临时对象,然后调用复制赋值运算符函数完成赋值,最后调用析构函数析构临时对象。

```
MyString s;
s = "I love C++!";
```

如果为 MyString 类提供了如 4.2.1 节定义的转型赋值运算符函数,则上面程序第 2 行的执行过程是直接调用转型赋值运算符函数完成赋值。

自动类型转换有时会带来一些意想不到的副作用,因此需要谨慎定义。为防止转型构造函数执行隐式类型转换,可以将其定义为显式调用。例如 MyString 的上述转型构造函数可声明为"explicit MyString(const char * p);",此时形如"MyString s("C++!");"的显式调用是允许的,其他隐式调用都是不允许的。

4.4 小　　结

在 C++ 语言中,运算符实际上是运算符函数,因此对于运算符的重载也属于函数重载,其目的是使定义的类用起来更方便。

运算符的重载有两种形式:一种是重载为成员函数;另一种是重载为外部函数。C++ 语言中的许多运算符都可以被重载,但有五个运算符不能被重载,它们是成员选择运算符(.)、成员指针逆向引用运算符(.*)、域作用运算符(::)、sizeof 运算符和唯一的三元运算符(?:)。此外,有些运算符只能被重载为成员函数,典型的有赋值运算符(=)、下标运算符([])、函数调用运算符;有些只能被重载为友元函数,如流的插入运算符(<<)和提取运算符(>>);有些两种形式都可以,例如,自增和自减运算符。

需要注意的是,运算符的重载要有意义,不能为重载而重载。另外,重载运算符不能改变运算符的优先级和结合性,不能改变操作数个数,也不能臆造新的运算符。

4.5 习　　题

1. 哪些运算符可以重载?列举五个。哪些运算符不能重载?

2. 运算符重载的形式有哪两种?两者有什么区别?

3. 只能重载为成员函数的运算符有哪几个?试举三例。重载为外部函数的运算符必须声明为类的友元函数吗?

4. 为总能满足运算符的可交换性,必须将其重载为什么形式?

5. 运算符>被重载为友元函数,则 obj1 > obj2 被 C++ 语言的编译器解释为什么形式?如果被重载为成员函数,则解释为什么形式?

6. 什么时候必须重载赋值运算符?赋值运算符函数原型的返回值类型为什么通常是类的引用,且该函数的实现中通常返回 * this?

7. 4.2.2 节为类 MyString 提供了下面两个下标运算符函数,为什么?

```
char & operator[](const int idx);
const char operator[] (const int idx) const;
```

8. 下面程序有什么错误？

```
class A
{public:
    bool operator >(const A &) const;
};
bool A::>(const A & a) const { ... }
```

9. 下面程序有什么错误？

```
class A
{
public:
    A operator + (const A & a1, const A & a2) const;
};
A A::operator + (const A & a1, const A & a2) const { ...}
```

10. 下面程序有什么错误？

```
int operator + (int i, int b) { ...}
```

11. 下面程序有什么错误？

```
class A
{
    ...
private:
    int i;
    friend int operator++(A &);
};
int operator++(A & a) { i++; }
```

12. 对于运算符＋的成员函数重载形式，下面哪种形式更合适？请解释。

```
A operator + (const A) const;
A operator + (const A &) const;
A & operator + (const A &) const;
```

13. 写出下面程序的输出。程序中实现的是前置＋＋运算符函数还是后置＋＋运算符函数？请写出另一个的实现。

```
# include < iostream >
using namespace std;
class Point
{
public:
    Point(int i = 0, int j = 0){ x = i; y = j; }
    void print(){ cout << "x = " << x << ", y = " << y << endl; }
    friend Point & operator++(Point & op);
private:
```

```
        int x, y;
    };
    Point & operator ++(Point & op)
    {
        ++op.x;
        ++op.y;
        return op;
    }
    int main()
    {
        Point obj(1, 2);
        obj.print();
        ++obj;
        obj.print();
    }
```

14. 假设 Matrix 是一个二维矩阵类,完善封装该类并为其重载下标运算符[],使其能够使用下面的语句:

```
Matrix m(2, 3);                    //构造一个 2 行 3 列的二维数组
const Matrix m2(m);
m[1][1] = 1;
cout << m2[1][1] << endl;
```

15. 完善第 3 章第 22 题的 MyString 类,为其编写赋值运算符函数实现直接使用字符串为其赋值的功能、编写加法运算符函数实现两个对象的相加和一个对象加一个字符串的功能、编写下标运算符函数实现取指定索引的字符的功能、编写函数调用运算符实现使用字符串赋值的功能。编写上述函数后,下面的程序可完成所述功能。

```
MyString s1("hello "), s2("world!");
const MyString s3 = s1 + s2;        //对象 s3 内容为"hello world!",对象 s1 和 s2 不变
s1 = s1 + "world!";                 //对象 s1 的内容为"hello world!"
cout << s1[0] << s3[1] << endl;     //输出为"he"
s1("I love C++, yeah!");            //对象 s1 内容为"I love C++, yeah!"
```

16. 完善第 3 章第 23 题的 CStudentList 类,为其编写加法运算符函数实现两个对象的相加(即两个对象中的学生合并构成一个新的 CStudentList 类的对象)、编写下标运算符函数实现取指定索引的学生的功能。

17. 完善第 3 章第 24 题的 CAssociation 类,为其编写加法运算符函数实现两个对象的相加(即两个对象中的学生合并构成一个新的 CAssociation 类的对象)、编写下标运算符函数实现取指定索引的学生的功能。

第 5 章 流类库与输入输出

之前设计的 MyString 等类的对象在运行时能够存储一些数据,但在程序结束后,这些对象就被析构了,在其中存储的数据也消失了。为了实现数据的持久,就需要把数据保存在文件中。在下一次运行时从文件中读取数据,恢复到之前的状态。标准 C++ 语言提供了一个流类库用来处理有关的 I/O 问题。本章介绍 C++ 语言中的流类库与输入输出文件流。

5.1　C++ 语言流类库的结构

视频讲解

I/O 流类库中定义了很多类模板,并且这些类模板间有继承关系。这些类模板可用于不同类型数据的输入输出,提供了库中大多数功能。本章仅介绍流类库的使用,可以先不去详细了解继承和模板的概念。

I/O 流类库中有两组类模板:面向宽字符的类模板和面向窄字符的类模板。两组类模板的用法和结构是类似的。这里以窄字符为例来介绍流类库。图 5.1 是标准 C++ 语言 I/O 流类库中面向窄字符的部分类模板间的继承关系。这些类模板分布在多个头文件中,表 5.1 列出了它们的基本功能和所在的头文件。

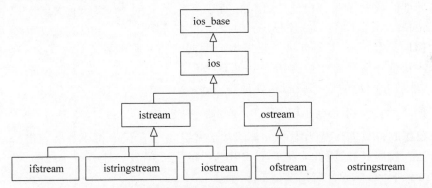

图 5.1　标准 C++ I/O 流类库中面向窄字符的部分类模板间的继承关系

表 5.1　标准 C++ 语言 I/O 流类库中面向窄字符的部分类模板的基本功能和所在的头文件

类　别	类　名	说　明	头文件
抽象流基类	ios	流基类	ios
输入流类	istream	通用输入流类和其他输入流类的基类	istream
	ifstream	输入文件流类	fstream
	istringstream	输入字符串流类	sstream
输出流类	ostream	通用输出流类和其他输出流类的基类	ostream
	ofstream	输出文件流类	fstream
	ostringstream	输出字符串流类	sstream

类　别	类　名	说　明	头文件
输入输出流类	iostream	通用 I/O 流类和其他 I/O 流类的基类	istream
	fstream	I/O 文件流类	fstream
	stringstream	I/O 字符串流类	sstream

　　C++ 语言流类库的头文件 < iostream > 中预定义了多个流对象用来完成在标准设备上的 I/O 操作，如常用的 istream 类的对象 cin 和 ostream 类的对象 cout。

5.2　标准输入输出流

　　标准输入输出流用于标准输入输出设备与程序间的数据流动，其中标准输入流用于从标准输入设备（键盘）提取数据流向内存变量，标准输出流用于将数据从内存流向标准输出设备（显示器）。

　　标准流类库中预定义了标准输入流对象 cin，它是 istream 类的对象。该对象可使用流提取符"\>>"提取数据，在提取时遇到空格、制表符或换行符等空白字符时会停止。

　　标准流类库中预定义了标准输出流对象 cout、cerr 和 clog，它们都是 ostream 类的对象，可使用流插入符"<<"输出数据。对象 cout 在内存中开辟了一个缓冲区，用来存放流中的数据，当向 cout 流中插入 endl 时，不论该缓冲区是否已满，都立即输出流中的所有数据，然后插入一个换行符并清空缓冲区。对象 cerr 的作用是向显示器输出出错信息；与 cout 不同，该对象不能被重定向到磁盘文件，并且没有缓冲区，即要输出的数据会立即显示在显示器上。对象 clog 与 cerr 相似，不同在于它有一个缓冲区，在缓冲区满或遇到 endl 时才向显示器输出。

　　上述内置流对象在使用提取符和插入符操纵数据时仅限定于基本数据类型的数据，对于自定义数据类型的数据无法直接使用，例如，对于之前定义的 MyString 类的对象 str，就不能使用语句"cout << str;"向显示器输出 str 中保存的字符串。不过，可以通过重载流操作的插入符"<<"和提取符"\>>"来实现自定义数据类型数据的插入和提取操作。另外，在执行输入输出时可能会遇到意外情况需要检测错误并处理错误。下面首先介绍流插入符"<<"和提取符"\>>"的重载，然后介绍流的内部状态和处理方法。

5.2.1　重载插入符和提取符

　　插入符和提取符只能重载为类的外部函数形式。由于在插入符函数和提取符函数中常需要访问类的私有数据成员，因此常把它们重载为类的友元函数。插入符重载为 MyString 类的友元函数的形式如例 5.1 所示。

　　【例 5.1】　插入符重载为 MyString 类的友元函数。

```
1.    //file: MyString.h
2.    #ifndef __MYSTRING_H__
3.    #define __MYSTRING_H__
4.    ...
5.    class MyString
6.    {
7.    public:
8.        ...
9.        friend ostream & operator <<(ostream & o, const MyString & str);
10.       ...
11.   };
```

```
12.     #endif

13.     //file: MyString.cpp
14.     #include "MyString.h"

15.     ostream & operator <<(ostream & o, const MyString & str)
16.     {
17.       o << str.m_pbuf;
18.       return o;
19.     }

20.     //file: main.cpp
21.     #include < iostream >
22.     #include"MyString.h"
23.     using namespace std;
24.     int main()
25.     {
26.       MyString str;
27.       str.set_string("I love C++, yeah!");
28.       cout << str << endl;              //可像基本数据类型一样直接输出对象 str 的内容
29.       return 0;
30.     }
```

在例 5.1 中,由于重载了插入符,因此在 main()函数中向对象 cout 输出数据时,可以像使用基本数据类型的数据一样使用 MyString 类的对象 str。注意,插入符函数的返回值常是输出流对象的引用,目的是方便连续地输出数据。

对于 MyString 类,可以重载插入符,方便将对象的内容输出到显示器;但基本上不去重载提取符,实现从键盘提取数据来构造一个对象的功能,因为使用提取符从键盘提取数据时,遇到空白符就会自动停止;如果在重载的提取符函数中允许遇到空白符不停止,则第一会引来歧义,第二难以判断读到哪里停止。

对于例 4.4 中的大整数类,可以重载流提取符,实现从键盘输入大数据的值,其实现大致过程如下:

```
//file: bigint.h
...
class CBigInt
{
  ...
  friend istream & operator >> (istream & in, CBigInt & val);
};

//file: bigint.cpp
istream & operator >> (istream & in, CBigInt & val)
{
  char * tmp = new char[CBigInt::SIZE * sizeof(int) + 3];
  in >> tmp;                    //提取数据保存为字符串
  检查数据是否可转换为整数;
  为大整数对象 val 的指针 pbuf 赋值,如果是负数,则需转为补码;如果是非负则保存为原码;

  return in;                    //最后返回输入流对象
}
```

5.2.2 流的内部状态和处理方法

每个流对象都维护了自己的内部状态,这些状态可通过函数 rdstate()获取、通过函数 setstate()设置。前者的返回值和后者的参数可以是四个常量 eofbit、failbit、badbit 和 goodbit 的按位或运算的组合。这四个常量以公有静态成员的形式定义在类 ios_base 中,因此可以通过 ios_base 类访问(例如,ios_base::eofbit),也可通过从 ios_base 类派生出的类访问(例如, ios::failbit),还可通过上述类的对象访问(例如,cin.goodbit)。这四个流内部状态常量的含义如表 5.2 所示。

表 5.2　流内部状态常量的含义

常量	含　义
eofbit	End-Of-File,到达输入流的结尾
failbit	因内部逻辑问题造成失败,例如一个转换错误或文件未找到
badbit	在流缓冲区中执行输入输出操作时产生了错误
goodbit	没有错误

相应地,在 ios 类中提供了访问处理流内部状态的函数。这些函数及其功能在表 5.3 中列出,将在 5.4.2 节结合输入文件流说明这些函数的用法。

表 5.3　访问处理流内部状态的函数及其功能

函数	功　能
eof()	检查 eofbit 是否设置,如果设置则返回 true,否则返回 false
fail()	检查 failbit 是否设置,如果设置则返回 true,否则返回 false
bad()	检查 badbit 是否设置,如果设置则返回 true,否则返回 false
good()	检查 goodbit 是否设置,如果设置则返回 true,否则返回 false
clear()	设置内部错误标志,如果用默认参数调用则清除所有内部状态(即设置 goodbit)
rdstate()	返回当前内部状态标志
setstate()	设置内部状态标志

视频讲解

5.3　格　式　控　制

在输出流时,可能会在格式上有一定的要求。C++语言提供了控制输出格式的方法,包括使用成员函数执行控制的方法和使用操纵符执行控制的方法。下面的例子中均使用流对象 cout,但也适用于其他的输出流对象。

5.3.1 使用成员函数控制输出格式

在输入输出流的基类 ios 中定义了一组成员函数用于控制输出的格式。这些成员函数如表 5.4 所示。

表 5.4　类 ios 中用于控制输出格式的成员函数

成员函数	作　用
flags()	设置格式标志并返回之前的格式标志
setf()	设置指定的格式标志并返回之前的格式标志
unsetf()	取消指定的格式标志
precision()	设置浮点型数据的精度并返回之前的精度设置
width()	设置字段宽度并返回之前的字段宽度
fill()	设置填充字符并返回之前的填充字符

表 5.4 中的函数均有重载版本,其函数原型和相应功能如下:

```
fmtflags flags() const;                     //返回流对象当前的格式标志字段

//根据参数 fmtfl 设置流对象的格式标志并返回调用之前的格式标志字段
fmtflags flags(fmtflags fmtfl);

//根据参数设置格式标志字段的标志位且不改变参数中未给出的标志位
//返回调用之前的格式标志字段,相当于调用 flags(fmtfl|flags())
fmtflags setf(fmtflags fmtfl);

//设置两个参数中均有的标志位,清除 mask 中有但 fmtfl 中没有的标志位,返回
//调用之前的格式标志字段,相当于调用 flags((fmtfl&mask)|(flags()&~mask))
fmtflags setf(fmtflags fmtfl, fmtflags mask);

void unsetf(fmtflags mask);                 //清除 mask 中指定的标志位
streamsize precision() const;               //返回流对象当前的浮点数精度设置

//设置流对象的浮点数精度为 prec 并返回调用前的精度设置
streamsize precision(streamsize prec);

streamsize width() const;                   //返回流对象当前的字段宽度

//为流对象设置新的字段宽度 wide 并返回调用前的字段宽度
streamsize width (streamsize wide);

char fill() const;                          //返回流对象当前的填充字符

//为流对象设置新的填充字符 fillch 并返回调用前的填充字符
char fill (char fillch);
```

上述 setf() 等函数中的格式标志 fmtflags 是一个枚举类型,用于指示流对象输出格式标志,其取值及作用如表 5.5 所示。这些标志在 ios_base 中定义,因此在引用它们时需要在前面加上类名 ios_base 和域作用符“::”。另外,还有三个位掩码常量:basefield、floatfield 和 adjustfield,分别相当于 dec|hex|oct、fixed|scientific 和 internal|left|right。

表 5.5　流对象输出格式标志及作用

字　　段	标　　志	作　　用
独立标志	boolalpha	布尔值使用文本 true 和 false
	showbase	显示整数值进制前缀
	showpoint	无论浮点数是否有小数部分,总是输出小数点
	showpos	显示非负数前的加号标志
	skipws	某些情况下跳过流中空白符
	unitbuf	插入后清空缓冲区
	uppercase	大写显示十六进制中的 A～F 和科学记数法中的 E
进制字段 basefield	dec	以十进制读写整数
	hex	以十六进制读写整数
	oct	以八进制读写整数
浮点字段 floatfield	fixed	定点格式表示浮点值,precision 设置小数点后的位数
	scientific	科学记数法表示浮点数值,precision 设置小数点后的位数
	(none)	精度域为全部有效数字的数目,precision 设置有效位数

字　　段	标　　志	作　　用
对齐字段 adjustfield	internal	数值符号和数值之间填充字符到指定域宽
	left	域宽内左对齐
	right	域宽内右对齐

控制输出格式的使用流成员函数方法如例 5.2 所示。

【例 5.2】 使用流成员函数控制输出格式。

```
1.      # include < iostream >
2.      using namespace std;

3.      int main()
4.      {
5.          cout.setf(ios::hex, ios::basefield);      //设置 hex 标志,清除 dec 和 oct 标志
6.          cout.setf(ios::showbase);                 //设置显示整数进制前缀
7.          cout << 100 << endl;                      //输出"0x64"和换行符
8.          cout.unsetf(ios::showbase);               //取消显示整数进制前缀
9.          cout << 100 << endl;                      //输出"64"和换行符

10.         double f = 3.14159;
11.         cout.unsetf(ios::floatfield);             //取消浮点型数据标志
12.         cout.precision(5);                        //设置精度为 5 位,即 5 位有效数字
13.         cout << f << endl;                        //输出"3.1416"和换行符
14.         cqut.precision(10);                       //设置精度为 10 位,即 10 位有效数字
15.         cout << f << endl;                        //输出"3.14159"和换行符
16.         cout.setf(ios::fixed, ios::floatfield);   //设置定点浮点数标志 fixed
17.         cout << f << endl;              //输出"3.1415900000"和换行符,精度要求小数点后 10 位

18.         cout.setf(ios::dec, ios::basefield);      //设置 dec 标志,清除 hex 和 oct 标志
19.         cout.width(10);                           //设置字段域宽为 10 个字符
20.         cout << 40 << endl;             //输出"        40"(前面有 8 个空格)和换行符
21.         cout << 40 << endl;             //输出"40"和换行符,上次域宽设置对下一字段无效
22.         char prev = cout.fill('x');               //设置填充字符为'x'
23.         cout.width(10);                           //设置域宽为 10 个字符
24.         cout << 40 << endl;             //输出"xxxxxxxx40"和换行符,默认是右对齐
25.         cout.width(10);                           //设置域宽为 10 个字符
26.         cout.setf(ios::left);                     //设置为左对齐
27.         cout << 40;                               //输出"40xxxxxxxx"
28.         cout.fill(prev);                          //恢复先前的填充字符

29.         return 0;
30.     }
```

例 5.2 的输出如下:

```
1.      0x64
2.      64
3.      3.1416
4.      3.14159
5.      3.1415900000
```

```
6.                    40
7.        40
8.        xxxxxxxx40
9.        40xxxxxxxx
```

5.3.2 使用操纵符控制输出格式

C++语言中提供了一组输入输出流的无参操纵符,它们定义在头文件< iostream >中,如表5.6所示。

表5.6 输入输出流的无参操纵符

操 纵 符		作 用
独立标志	boolalpha/noboolalpha	设置/取消以文本显示布尔值的标志,默认取消
	showbase/noshowbase	设置/取消显示整数值进制前缀的标志,默认取消
	showpoint/noshowpoint	设置/取消显示小数为0的浮点数的小数点,默认取消
	showpos/noshowpos	设置/取消显示非负数前的加号的标志,默认取消
	skipws/noskipws	设置/取消跳过流中空白符的标志,默认设置
	unitbuf/nounitbuf	设置/取消插入后清空缓冲区的标志,默认取消
	uppercase/nouppercase	设置/取消大写显示十六进制中的 A~F 和科学记数法中的 E,默认取消
进制	dec	设置进制标志为十进制,默认设置
	hex	设置进制标志为十六进制
	oct	设置进制标志为八进制
浮点	fixed	设置浮点型标志为定点浮点数格式
	scientific	设置浮点型标志为科学记数法格式
	(none)	默认标志,用 unsetf(ios_base::floatfield)设置
对齐	internal	对于数值,在符号和数值之间填充字符到指定宽度;对于文本,则相当于 right
	left	左对齐
	right	右对齐,默认设置

C++语言中还提供了输入输出流的有参操纵符,如表5.7所示,它们定义在< iomanip >中,其中 fmtflags 的取值如表5.5所示。例5.3演示了使用操纵符控制输出格式的方法。

表5.7 输入输出流的有参操纵符

操 纵 符	作 用
setiosflags(fmtflags)	设置指定的标志,像成员函数 ios::setf()一样。该设置一直起作用,直到下次改变为止
resetiosflags(fmtflags)	重置指定的标志,像成员函数 ios::unsetf()一样。该设置一直起作用,直到下次改变为止
setbase(base)	设置基数,8、10、16 分别将进制设为八进制、十进制和十六进制,其他数值均会设为十进制
setfill(char)	设置填充字符,像成员函数 ios::fill()一样
setprecision(int)	设置数据的精度,像成员函数 ios::precision()一样
setw(int n)	设置数据域宽,像成员函数 ios::width()一样

【例 5.3】 使用操纵符控制输出格式。

```
1.      # include < iostream >
2.      # include < iomanip >
3.      using namespace std;

4.      int main()
5.      {
6.          cout << hex;                                    //整数使用十六进制输出
7.          cout << setiosflags(ios::showbase | ios::uppercase);    //大写形式输出前缀
8.          cout << 100 << endl;                            //输出"0X64"和换行符
9.          cout << resetiosflags(ios::showbase);           //重置前缀标志,即输出时不带基前缀
10.         cout << 100 << endl;                            //输出"64"和换行符
11.         cout << setbase(10);                            //设置基为 10 进制
12.         cout << 100 << endl;                            //输出"100"和换行符

13.         double f = 3.14159;
14.         cout << resetiosflags(ios::floatfield);         //取消浮点型数据标志
15.         cout << setprecision(5);                        //设置精度为 5 位,即 5 位有效数字
16.         cout << f << endl;                              //输出"3.1416"和换行符
17.         cout << setprecision(10);                       //设置精度为 10 位,即 10 位有效数字
18.         cout << f << endl;                              //输出"3.14159"和换行符
19.         cout << setiosflags(ios::fixed);                //设置定点浮点数标志 fixed
20.         cout << f << endl;                      //输出"3.1415900000"和换行符,精度要求小数点后 10 位

21.         cout << setiosflags(ios::dec);                  //设置 dec 标志,清除 hex 和 oct 标志
22.         cout << setw(10);                               //设置字段域宽为 10 个字符
23.         cout << 40 << endl;             //输出"        40"(前边有 8 个空格)和换行符
24.         cout << 40 << endl;             //输出"40"和换行符,上次域宽设置对下一字段无效
25.         cout << setfill('x');                           //设置填充字符为'x'
26.         cout << setw(10);                               //设置域宽为 10 个字符
27.         cout << 40 << endl;                             //输出"xxxxxxxx40"和换行符,默认是右对齐
28.         cout << setw(10);                               //设置域宽为 10 个字符
29.         cout << setiosflags(ios::left);                 //设置为左对齐
30.         cout << 40;                                     //输出"40xxxxxxxx"
31.         return 0;
32.     }
```

例 5.3 的输出如下:

```
1.      0X64
2.      64
3.      100
4.      3.1416
5.      3.14159
6.      3.1415900000
7.              40
8.      40
9.      xxxxxxxx40
10.     40xxxxxxxx
```

5.4　文件与文件流

文件流是以外存文件为输入输出对象的数据流。输入文件流用来方便地从文件读取数据,而输出文件流用来实现输出数据的永久存储。C++语言的流类库中定义了类 ifstream 用

视频讲解

来支持从文件中读取数据；定义了类 ofstream 用来支持向文件写入数据；定义了类 fstream 用来支持文件的读取和写入。使用上述三个类时需要包含头文件< fstream >。

根据文件中数据的存储方式，可以将文件分为文本文件和二进制文件。文本文件是基于字符编码的文件，即在文件中保存各字符的字符编码（如常用的 ASCII 编码）。在读取文本文件时，会按照字符流的宽度读取二进制比特流。例如，假设 ASCII 编码的文本文件中保存的内容为字符串"C++98"，则该文件中存储的二进制数据流的十六进制字符串为"432B2B3938"，共 5 字节，即每个字符占用一个字节，其中"98"占用 2 字节。二进制文件中，字符信息仍然是以 ASCII 编码方式存储，但数值信息有很大不同。例如数字 98 按照 int 型（4 字节）存储时，其十六进制字符串为"62000000"，占用 4 字节。

下面以 ASCII 编码的文本文件和二进制文件为例，分别介绍输出输入文件流的使用。

5.4.1 输出文件流

要使用输出文件流，需要将一个 ofstream 的对象关联到一个文件并打开它。有两种方式可以完成这个步骤：在流对象的构造函数中给出文件名，或者在构造对象后使用成员函数 open() 打开指定的文件。在指定打开的文件时可以使用相对路径，也可以使用绝对路径。使用构造函数打开文件的格式如下：

```
ofstream out("c:\\test.txt");                    //以默认的方式打开文件
ofstream out("c:\\test.txt", ios_base::app);     //以追加的方式打开文件
```

使用 open() 函数打开文件的格式如下：

```
ofstream out;
out.open("c:\\test.txt", ios_base::app);         //以追加的方式打开文件
```

打开文件时，通常需要指定打开模式（open_mode）。可用的打开模式如表 5.8 所示。

表 5.8　输出文件流对象可用的打开模式

打 开 模 式	含　　义
ios_base::app	打开文件并将当前写入位置移到文件尾；如果文件不存在则自动创建新文件
ios_base::ate	打开文件，当前写入位置在文件尾；如果文件不存在且没有设置 ios_base::in 模式，则自动创建新文件
ios_base::in	打开现存的文件，并保留文件中的内容；如果文件不存在，且打开模式中没有 app 和 trunc，则打开文件失败
ios_base::out	打开文件用于输出；对于 ofstream 对象，此模式是隐含模式
ios_base::trunc	打开文件并删除其中的内容；如果没有指定 ate、app 和 in，则此模式为隐含模式
ios_base::binary	以二进制模式打开文件；不指定此模式则以文本模式打开文件

打开模式可以按位或运算进行组合，不过有些组合是矛盾的，例如，ios_base::app 和 ios_base::trunc 同时使用会造成打开文件失败；另外，ios_base::ate 和 ios_base::trunc 同时使用时，文件长度也会被截为 0。下面给出一些常用的打开模式。

```
ios_base::out                          //打开文件并清空内容,这是默认模式
ios_base::app                          //打开文件用于向文件尾追加数据
ios_base::in | ios_base::ate           //打开文件,保留数据,写入位置在文件尾
                                       //此模式相当于 ios_base::app,但当文件
                                       //不存在时不会自动创建文件
```

```
ios_base::in                        //打开现有文件,如果文件不存在则打开失败
ios_base::binary                    //二进制模式打开并清空文件
ios_base::binary | ios_base::app    //二进制模式打开并向文件尾追加数据
```

输出文件流的常用函数如下(下面举例中使用了对象 cout,但这些函数适用于所有的输出流对象):

1. put()函数

put()函数把一个字符写到输出流中,例如:

```
cout.put('A');
```

该语句精确地输出一个字符 A。此功能也可以通过语句"cout << 'A';"实现,不过该语句的输出受到此前设置的宽度和填充方式的影响。

2. write()函数

write()函数把一块内存中的内容写到输出文件流中。该函数有两个参数:第一个参数是内存的首地址,并且该参数需要转换为"char *"类型;第二个参数指明该块内存的长度。例如:

```
int i = 61;
cout.write((char *)&i, sizeof(int));
```

3. seekp()函数和 tellp()函数

seekp()函数重新设置写入位置,tellp()函数返回当前写入的位置,如例5.4所示。

【例 5.4】 seekp()函数和 tellp()函数的用法。

```
1.    #include <fstream>
2.    #include <iostream>
3.    using namespace std;

4.    main()
5.    {
6.        ofstream out("test.txt");              //文本模式打开当前路径下的 test.txt 文件
7.        int i = out.tellp();                   //获取当前的写入位置(当前位置为 0)
8.        cout << i << endl;                     //向屏幕写入当前写入位置 0
9.        out << "i love C++, Yeah!";
10.       i = out.tellp();                       //在文件中写入数据后,当前写入位置为 17
11.       cout << i << endl;
12.       out.seekp(0);                          //将当前写入位置设置为 0
13.       out << "I";                            //将原来的小写 i 改为大写 I
14.       out.seekp(-5, ios_base::end);          //设置当前写入位置为文件尾前 5 个字符处
15.       out << "y";                            //将原来的大写 Y 改为小写 y
16.       out.close();                           //关闭文件

17.       return 0;
18.   }
```

运行程序后,文件 test.txt 的内容是:I love C++, yeah!

函数 seekp()和函数 tellp()可以用来实现在有规则格式的文件(如记录文件)中,以随机的方式向文件输出。seekp()函数可以带有一个参数,如例5.4中第一次使用的那样,此时该参数表示绝对位置,即相对于开始位置的位置(负数表示向前移动的字节数,正数表示向后移

动的字节数）。seekp( )函数也可以带有两个参数，如例 5.4 中的第二次使用的方式，此时，第一个参数表示偏移量，负数表示向前偏移，正数表示向后偏移；第二个参数表示相对位置，有 ios_base::beg、ios_base::cur 和 ios_base::end 三个取值，分别表示流的开始位置、当前写入位置和流的尾部。

注意，在例 5.4 中，文件打开模式是默认模式。如果打开模式中有 ios_base::app 标志，则 seekp( )函数将不能正确执行：此时所有的写入都发生在文件尾。

4. flush( )函数

输出流对象与磁盘中的文件相关联。由于磁盘的速度相对于内存非常慢，因此如果在向输出流写入数据时都立即将数据写入磁盘，那将是非常低效的。为缓解这个矛盾，在向输出流写入数据时，会先将它们存储到一个缓冲区，等到缓冲区满后再批量地将数据写入磁盘并清空缓冲区。如果希望数据立即写入磁盘，则可以调用 flush( )函数将缓冲区中的数据写入磁盘并清空缓冲区。下面的程序会更新输出流对象 out(假设已经存在)关联的文件 100 次：

```
for (int n = 0; n < 100; ++n)
{
    out << n;
    out.flush();
}
```

5. is_open( )函数

is_open( )函数用于检测输出流对象是否关联了一个文件：如果关联了一个文件则返回 true，否则返回 false。在下面的程序中使用该函数检查文件是否成功打开。

```
ofstream out;
out.open("test.txt");
if (out.is_open())
{
    cout << "文件已被成功打开.\n";
    out.close();
}
else
    cout << "文件打开失败.\n";
```

6. close( )函数

调用该函数用来关闭与流对象关联的文件，此时会将尚未写入文件的数据写入文件。如果流对象没有关联文件，则调用会失败。虽然在流对象因超出生存期而被析构时会自动关闭与其关联的文件，但在使用完文件后调用该函数关闭文件是一个好习惯。

7. 错误处理函数

错误处理函数的作用是处理读写流时发生的错误。这些函数及其功能已经在表 5.3 中列出，将在 5.4.2 节结合输入文件流说明它们的用法。

5.4.2　输入文件流

与使用输出文件流对象相似，要使用输入文件流，必须将一个 ifstream 对象关联一个文件并打开它。有两种方式可以完成这个步骤：在流对象的构造函数中给出文件名，或者在构造对象后使用成员函数 open( )打开指定的文件。使用构造函数打开文件的格式如下：

```
ifstream in("c:\\test.txt");                    //使用文本模式打开
ifstream in("c:\\test.dat", ios_base::binary);  //使用二进制模式打开
```

使用 open() 函数打开文件的格式如下：

```
ifstream in;                                    //先构造文件流对象
in.open("c:\\test.dat", ios_base::binary);      //再打开文件
```

打开文件时，通常需要指定打开模式(open_mode)。这些模式如表 5.9 所示。

表 5.9　输入文件流对象的打开模式

标　　志	含　　义
ios_base::in	以文本模式打开文件用于输入(默认模式)
ios_base::binary	以二进制模式打开文件用于输入

输入文件流的常用函数如下。

1. get()函数和 getline()函数

非格式化 get() 函数的功能很多，也与提取符很相像，主要不同是该函数在读入数据时包括空白字符，而提取符在默认情况下不接受空白字符，即遇到空白符就停止提取数据且在下一次提取数据时跳过上次遇到的空白符。

get() 函数有多种重载形式，可以读取一个字符、多个字符，也可以指定结束符号(默认是 '\n')。在读取多个字符时，该函数读到结束符号后并不把结束符号删掉或跳过它，此时，如果不做处理而继续读取数据的话会什么也得不到。如果读取数据时什么也没有取到，则会调用 setstate(failbit) 函数设置错误标志。此时，要想进行进一步的操作，需先清除错误标志。

getline() 函数从输入流中读取多个字符，并允许指定结束符号(默认是 '\n')。与读取多个字符的 get() 函数不同，在读取完成后，从读取的内容中删除结束符号，并在流中跳过结束符号。

get() 函数和 getline() 函数的用法如例 5.5 所示。在该例中，假设 test.txt 文件中的内容如下(注意，每行的开头没有空白符)：

```
I love C++, yeah!
I love C++, yeah!
…(重复上面内容很多遍)
```

【例 5.5】 get() 函数和 getline() 函数的用法。

```
1.    # include < fstream >
2.    # include < iostream >
3.    using namespace std;

4.    int main()
5.    {
6.        ifstream in("test.txt");     //以文本模式打开文件
7.        if(in.fail())
8.        {
9.            cout << "file does not exist." << endl;
10.           exit(0);
11.       }

12.       char buf[64];

13.       in >> buf;                    //提取数据,遇到空白符停下
```

```
14.          cout << buf << endl;                    //输出字符'I'和换行符

15.          in.get(buf, 64);              //默认结束符是'\n',因此读取内容为" love C++, yeah!"
16.          cout << buf << "\t" << in.rdstate() << endl;      //输出 buf、错误码 0 和换行符

17.          in.get(buf, 64);                         //什么也取不到,并设置错误码
18.          cout << buf << "\t" << in.rdstate() << endl;      //输出空串、错误码 2 和换行符

19.          in.clear();                   //清除错误标志才能继续读取数据
20.          in.seekg(2, ios_base::cur);   //跳过结束符,在字节流中'\n'是 0D0A 两个字节
21.                                        //通过"in.get(buf[0]);"或"in.get();"也可跳过结束符

22.          in.get(buf, 64);                         //读取内容为"I love C++, yeah!"
23.          cout << buf << "\t" << in.rdstate() << endl;

24.          in.get(buf, 64, 'y');         //设置结束符是'y'并读取数据,此时首先读取换行符
25.                                        //然后继续读取,直到遇到下一行中的字符'y'
26.          cout << buf << "\t" << in.rdstate() << endl;

27.          in.get(buf, 64);
28.          cout << buf << "\t" << in.rdstate() << endl;

29.          in.getline(buf, 64);          //使用函数 getline(),默认遇到'\n'停止
30.          cout << buf << endl;

31.          //遇到字符'y'停止并抛弃它,因此下一次读取时取不到字符'y'
32.          in.getline(buf, 64, 'y');
33.          cout << buf << endl;

34.          in.getline(buf, 64);
35.          cout << buf << endl;

36.          in.close();
37.          return 0;
38.      }
```

例 5.5 的输出如下:

```
1.      I
2.      love C++, yeah!          0
3.                    2
4.      I love C++, yeah!          0
5.
6.      I love C++,      0
7.      yeah!    0
8.
9.      I love C++,
10.     eah!
```

2. read()函数

read()函数从流中读取给定长度的数据到字符数组中。如果在读取给定长度的数据之前遇到流的结束符号,则会调用 setstate(failbit)设置错误标志。对象 in 使用该函数读取 10 个字节数据的形式如下(注意,如果希望在 buf 中保存一个字符串,那么读取后,buf 中不一定是一个合法的字符串;如果要保证 buf 中是一个合法的字符串,还需要在其结尾处加上零字符):

```
in.read(buf, 10);
```

3. seekg()函数和 tellg()函数

seekg()函数用来设置读取数据的位置,tellg()函数用来返回当前读取的位置。这两个函数的用法类似于输出文件流对象的函数 seekp()和 tellp(),因此不再详述了。

4. ignore()函数

ignore()函数用来读取指定数量的字符或遇到结束符停止,然后抛掉已读取的字符。默认的结束符是 EOF。其函数原型如下:

```
istream& ignore (streamsize n = 1, int delim = EOF);
```

在下面的程序中,当输入不能转换为整数的字符串时,先清除错误状态,然后使用 ignore()函数清除流中的字符(假设流中有不多于 16 个字符;如果多于 16 个,则会自动循环多次才能清除),接着等待下一次的输入:

```
# include < fstream >
# include < iostream >
using namespace std;
int main()
{
    int i = 0;
    while (i != -1)
    {
        cout << "请输入一个整数(输入 -1 结束程序): ";
        cin >> i;
        if (cin.good())
            cout << i << endl;
        else
        {
            cout << "你的输入无法转换为整数..." << endl;
            cin.clear();                    //清除错误状态
            cin.ignore(16, '\n');           //最多从流中清除 16 个字符
        }
    }
    return 0;
}
```

5. 错误处理函数

从类 ios 继承来的错误处理函数 eof()等与标准输入输出流对象的错误处理函数一致(见表 5.3)。下面通过例 5.6 来说明错误处理函数的用法。运行该例前,在程序所在目录创建一个名为 test.txt 的文本文件并在其中输入一个无法转为整数且不多于 31 个字符的字符串,例如"C++",同时保证该目录下不存在名为 test.dat 的文件。本例的注释已清楚说明运行情况,因此这里不做更多解释。

【例 5.6】 错误处理函数的用法。

```
1.    # include < iostream >
2.    # include < fstream >
3.    using namespace std;

4.    int main()
```

```
5.      {
6.          ifstream in("test.dat", ios_base::in);      //打开不存在的文件,会设置 failbit
7.          cout << "good() = " << in.good() << " eof() = " << in.eof()
               << " fail() = " << in.fail() << " bad() = " << in.bad() << endl;

8.          in.open("test.txt");                        //正常打开文件,设置 goodbit
9.          cout << "good() = " << in.good() << " eof() = " << in.eof()
               << " fail() = " << in.fail() << " bad() = " << in.bad() << endl;

10.         int i;
11.         in >> i;                                    //提取的数据无法转为整型,设置 failbit
12.         cout << "good() = " << in.good() << " eof() = " << in.eof()
               << " fail() = " << in.fail() << " bad() = " << in.bad() << endl;

13.         in.clear();                                 //清除错误状态,设置 goodbit
14.         cout << "good() = " << in.good() << " eof() = " << in.eof()
               << " fail() = " << in.fail() << " bad() = " << in.bad() << endl;

15.         char buf[32];
16.         in >> buf;                                  //正常读取数据,因读取后到达文件尾而设置 eofbit
17.         cout << "good() = " << in.good() << " eof() = " << in.eof()
               << " fail() = " << in.fail() << " bad() = " << in.bad() << endl;

18.         in >> buf;                                  //再次提取数据,因无法读取数据而增加设置 failbit
19.         cout << "good() = " << in.good() << " eof() = " << in.eof()
               << " fail() = " << in.fail() << " bad() = " << in.bad() << endl;

20.         in.close();
21.         return 0;
22.     }
```

例 5.6 的输出如下:

```
1.      good() = 0 eof() = 0 fail() = 1 bad() = 0
2.      good() = 1 eof() = 0 fail() = 0 bad() = 0
3.      good() = 0 eof() = 0 fail() = 1 bad() = 0
4.      good() = 1 eof() = 0 fail() = 0 bad() = 0
5.      good() = 0 eof() = 1 fail() = 0 bad() = 0
6.      good() = 0 eof() = 1 fail() = 1 bad() = 0
```

6. 部分其他函数

其他函数,如 gcount()、peek()、putback()、readsome()、unget() 等的用法可参考相关的手册。

5.4.3 输入输出文件流举例

本节以 MyString 类为例来说明如何使用文件保存数据。在例 5.1 中,已经重载了插入符,形式如下:

```
ostream & operator <<(ostream & o, const MyString & str)
{
    o << str.m_pbuf;
    return o;
}
```

由于 ofstream 继承自 ostream,因此上述重载对输出文件流对象也有效。然而,直接使用这个重载形式写磁盘文件有一个缺陷:函数功能是使用插入符向流中写入数据且只写入字符串本身,从而难以从文件中恢复字符串。例如,向文件写入的字符串是"I love C++!",那么从文件中恢复字符串时应该读取多少字符呢? 由于写入文件时缺少字符串长度的信息,因此要想从文件中恢复字符串是不可能的。为解决这个缺陷,在调用插入符写入数据前可先行写入字符串的长度,然后再插入一个空格,即该运算符函数的输出语句修改如下:

```
o << strlen(str.m_pbuf) << " " << str.m_pbuf;
```

注意,在上面的语句中,由于使用插入符向流中写入数据,因此不管文件打开模式是文本模式还是二进制模式,在写数据时都转成了文本,例如,字符串的长度是 17,写入的数据是字符串"17",而不是 0x11(占用 4 字节的 int 型数据)。

相应地,可以重载提取符读取数据,例如下面的实现。

```
ifstream & operator >>(ifstream & in, MyString & str)
{
    delete [] str.m_pbuf;             //首先回收原来占用的空间
    int len;
    in >> len;                        //读取长度
    in.get();                         //抛掉后面的空格
    str.m_pbuf = new char[len + 1];   //申请合适的空间
    in.read(str.m_pbuf, len);         //读取指定长度的字符,注意使用 read()函数
    str.m_pbuf[len] = '\0';           //添加结束符
    return in;
}
```

在上面的实现中,由于提取符函数难以处理读取数据中的空白符,因此读取数据的功能需要使用流的成员函数 read()来实现。当然,上面的实现通常实现为类的成员函数的形式,例如下面的 read()函数。

```
MyString & MyString::read(ifstream & in)
{
    delete[] m_pbuf;
    int len;
    in >> len;
    in.get();                   //抛掉长度与字符串之间的空格
    m_pbuf = new char[len + 1];
    in.read(m_pbuf, len);
    m_pbuf[len] = '\0';         //结尾处加上零字符,构成合法的字符串
    return * this;
}
```

在上面函数实现的基础上,以文本模式在文件中读写 MyString 对象如例 5.7 所示,其中使用文本模式将 MyString 类的对象写入文件中,并从文件中读取数据到另外的 MyString 类的对象中。这里仅列出主函数,其他函数见前面的叙述;另外,MyString 的插入符重载仍然采用例 5.1 中的实现。

【例 5.7】 以文本模式在文件中读写 MyString 对象。

```
1.    # include < iostream >
2.    # include"MyString.h"
```

```
3.    using namespace std;

4.    int main()
5.    {
6.      {
7.          MyString str[2];                    //调用不带参数的构造函数执行初始化
8.          str[0].set_string("I love C++, yeah!");
9.          str[1].set_string("I score 5.");

10.         ofstream out("test.txt");
11.         out << 2 << " " << str[0].get_length() << " "  << str[0]
                << str[1].get_length() << " " << str[1];
12.         out.close();
13.     }

14.     //读取数据
15.     ifstream in("test.txt");
16.     int num;
17.     MyString * p;

18.     in >> num;
19.     p = new MyString[num];
20.     for(int i = 0; i < num; i++)
21.     {
22.        p[i].read(in);
23.        cout << p[i] << endl;
24.     }
25.     in.close();
26.     delete [] p;

27.     return 0;
28.    }
```

程序执行后，文件 test.txt 的内容如下：

```
2 17 I love C++, yeah! 10 I score 5.
```

例 5.7 的输出如下：

```
1.    I love C++, yeah!
2.    I score 5.
```

从上面的实现可以看出，在实现时需要注意输出文件的格式，特别是分隔符问题。

有时候，使用二进制模式存储更方便。为了使用二进制模式保存文件，需要重新实现 MyString 类的写文件的函数和读文件的函数，并且在它们的实现中不能使用插入符和提取符：对于输出，使用输出流对象的 write()函数；对于输入，使用 read()函数。MyString 类的读写文件的函数举例如下：

```
void MyString::write(ofstream & o) const
{
    int len = strlen(m_pbuf);                //取得字符串的长度
    o.write((char *)&len, sizeof(int));      //写入长度数据
```

```
        o.write(m_pbuf, len + 1);                    //写入字符串内容(含零字符)
}

MyString & MyString::read(ifstream & in)
{
    delete [] m_pbuf;
    int len;
    in.read((char * )&len, sizeof(int));             //读取长度数据
    m_pbuf = new char[len + 1];                      //申请空间
    in.read(m_pbuf, len + 1);                        //读取数据(含零字符)
    return * this;
}
```

在上面函数实现的基础上,以二进制模式在文件中读写 MyString 对象如例 5.8 所示,其中使用二进制模式将 MyString 类的对象写入文件中,并从文件中读取数据到另外的 MyString 类的对象中。这里仅列出了主函数。

【例 5.8】 以二进制模式在文件中读写 MyString 对象。

```
1.      # include < iostream >
2.      # include"MyString.h"
3.      using namespace std;

4.      int main()
5.      {
6.        {
7.              MyString str[2];                      //调用不带参数的构造函数执行初始化
8.              str[0].set_string("I love C++, yeah!");
9.              str[1].set_string("I score 5.");       //恰好 10 个字符

10.             ofstream out("test.dat", ios_base::binary); //二进制模式打开
11.             int num;
12.             num = 2;
13.             out.write((char * )&num, sizeof(int));
14.             str[0].write(out);
15.             str[1].write(out);
16.             out.close();
17.        }

18.        //读取数据
19.        ifstream in("test.dat", ios_base::binary);
20.        int num;
21.        MyString * p;

22.        in.read((char * )&num, sizeof(int));
23.        p = new MyString[num];
24.        for(int i = 0; i < num; i++)
25.        {
26.            p[i].read(in);
27.            cout << p[i] << endl;
28.        }
29.        in.close();                                 //关闭文件
30.        delete [] p;                                //数据使用完毕,回收其占用的堆内存

31.        return 0;
32.    }
```

程序运行后,数据文件 test.dat 的内容如下:

```
0BB0:0100    02 00 00 00 11 00 00 00 - 49 20 6C 6F 76 65 20 43    …I love C
0BB0:0110    2B 2B 2C 20 79 65 61 68 - 21 00 0A 00 00 00 49 20    ++, yeah!…I
0BB0:0120    73 63 6F 72 65 20 35 2E - 00 08 92 2E A1 0A 92 0A    score 5…
```

注意,上面的程序一定要以二进制模式写文件,否则会出现意外,因为用流对象的 write() 函数写文本模式的文件时,当碰到数字 10 时会自动地转换为回车换行符,从而在读取数据时因字节数的意外造成读取的困难。如果以文本模式打开文件写入数据,上面的程序运行后,数据文件 test.dat 的内容是:

```
0BB0:0100    02 00 00 00 11 00 00 00 - 49 20 6C 6F 76 65 20 43    …I love C
0BB0:0110    2B 2B 2C 20 79 65 61 68 - 21 00 0D 0A 00 00 00 49    ++, yeah!…I
0BB0:0120    20 73 63 6F 72 65 20 35 - 2E 00 92 2E A1 0A 92 0A    score 5…
```

5.5　小　　结

本章介绍了输入输出流的一些基本内容,包括流的插入符和提取符的重载、流的格式控制、输入流和输出流的使用方法等。在后面的章节中,会进一步讲解为类提供输入输出流功能时的一些事项。

5.6　习　　题

1. 在第 4 章第 15 题的基础上设计 MyString 类的插入符和提取符的重载函数,并通过文本文件进行测试:要求将数量不定的 MyString 类的对象的内容保存在一个文件中,然后从该文件中读取数据恢复这些对象。

2. 写出使用流的成员函数 setf() 设置 oct 标志,同时清除 hex 和 dec 标志的语句并测试。

3. 写出使用流的成员函数 setf() 设置对齐方式的语句,并结合流的成员函数 width() 设置字段宽度、成员函数 precision() 设置精度位数、成员函数 fill() 设置填充字符,然后编写程序测试,观察输出格式上的变化。

4. 使用流的无参操纵符 left 和 right 设置对齐方式,使用无参操纵符 dec、hex 和 oct 设置进制,并结合有参操纵符 setw 设置字段宽度、setfill 设置填充字符、setprecision 设置精度,然后编写程序测试,观察输出格式上的变化。

5. 编写程序打开一个保存了一段程序的文本文件,然后逐行读取数据(假设每行不超过256 个字符),并将它们输出到另一个文件中,但在每一行的开头添加行的编号。另外要求使用 is_open() 函数检查文件对象是否正确打开,使用函数 eof() 检查是否已到文件尾。

6. 编写处理选择菜单时录入错误的情况。例如根据输入的数字 1、2、3 等选择菜单项,如果输入的不是数字,则会发生输入流的错误,处理这种错误允许重新输入菜单选项。

视频讲解

7. 在一个文件中有杂乱的数字和其他字符,找出其中的数字并计算这些数字之和,其中连续的数字应解释为一个数,例如字符串"as23ffg456j"中有整数 23 和 456,其和为 479。

8. 在第 4 章第 15 题的基础上,为 MyString 类编写二进制文件的输入输出功能并测试。

9. 在第 4 章第 16 题的基础上,为 CStudentList 类和 CStudent 类编写文本文件和二进制文件的输入输出功能并测试。注意,在输入输出 CStudent 中 MyString 类的数据成员时需要通过 MyString 类的输入输出函数实现;在输入输出 CStudentList 中 CStudent 类的对象时需要通过 CStudent 类的输入输出函数实现。

第6章 继 承

继承是面向对象程序设计的重要特性之一。作为面向对象的程序设计语言，C++语言也自然支持这个特性。继承是代码重用的基本方法之一，也是接口和重用设计的关键。本章介绍继承的用法。

6.1 继承的含义

面向对象程序设计通过将问题域中的事物抽象成类来实现问题空间到程序空间的映射，从而简化问题的求解。然而，问题域中的事物并不处于同一个层次，往往可根据概念的抽象层次分为多层，例如，汽车、火车、飞机等可抽象成更高层次的运输工具，而鸟、鱼、哺乳动物等可抽象成更高层次的动物。在抽象的不同层次中，抽象的高层具有的特征在抽象的低层都会体现，反之则不然。这个关系称为继承关系。在继承关系中，称被继承的类为基类（或父类），称通过继承方式产生的新类为派生类（或子类、导出类）。例如，运输工具可以作为基类，而汽车、火车和飞机则是从运输工具派生出的三个派生类，从它们还可以派生出许多的类。运输工具的部分层次结构如图 6.1 所示。

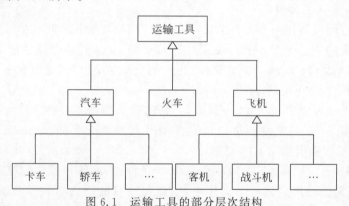

图 6.1 运输工具的部分层次结构

通常，当一个类提供的功能不能满足新的要求，但该类提供的功能均可被重用且在概念上具有继承关系时，就会在该类的基础上使用继承机制从该类派生出新的类，并为新的类增加新的功能以满足要求。这样，不仅可以重复使用原有的、可靠的代码，减少工作量、提高工作效率，而且在程序的演化上也比较清楚，容易控制。

面向对象程序设计中的继承与现实中的继承有很大相关性，并且现实中的继承关系或逻辑系统中的继承关系可以帮助确定面向对象程序设计中的继承关系，但两者并不总是一致。例如，在逻辑上，圆是椭圆的一个特例，似乎椭圆是更高一层的抽象，然而在面向对象程序设计中，这是不合理的，因为椭圆中的长轴和短轴的概念对圆来说是没有意义的。总之，在面向对象程序设计中，需要合理使用继承关系，不能滥用。

组合也是一种代码重用的方法,它意味着组合类中的某些数据成员是其他已有类的对象。实际上,一直以来都在用组合的方式创建类,只不过是在用内部数据类型来组合新类。其实,使用用户自定义的类来组合新的类也很容易。

如果两个类间有继承关系,则意味着两个类间有"是一个"关系,并且较抽象的类的特性均适用于较一般的类。在实际使用中,到底选择继承还是组合,关键是分析类间的关系:如果类间有"是一个"关系,则需要考虑使用继承;如果有"整体-部分"(或"是…的一部分")关系,则需要考虑使用组合。在此基础上还需要考虑基类的特性是否在派生类中均有意义。

6.2 继承方式

C++语言中的继承方式有三种:公有继承(public)、私有继承(private)和保护继承(protected),其中公有继承用得最广泛。

C++语言允许一个类有多个基类,这称为多继承。多继承使问题变得很复杂,只用来解决一些特定场景下的问题才显得有意义。实际上,其他流行的面向对象程序设计语言,如Java,就不支持多继承。本章重点介绍单继承,即只有一个基类的情况。

在C++语言中,定义派生类的基本语法如下:

```
class 派生类名 : [继承方式] 基类名
{
    派生类的成员;
};
```

这个语法与之前定义类的语法相比,主要区别是在类名后有一个冒号,然后跟上可选的继承方式,然后是基类名;如果没有给出继承方式,则默认是私有继承方式。派生类的成员包括从基类继承来的成员、派生类新增加的数据成员和函数成员。

继承方式影响派生类中从基类继承来的成员的访问控制。与之前介绍的类的成员的访问分类外访问和类内访问一样,这里的访问控制也分为从派生类的外部访问和从派生类的内部访问两个方面。在第3章已经介绍,对类的成员的访问控制分为三个级别:public、private和protected。为方便叙述继承中的新情况,这里再介绍一种访问级别,称为不可访问成员,即不管是在类内部还是在类外部都不可访问的成员。

基类成员在派生类中的访问属性如表6.1所示。如果是公有继承,则基类中的公有成员和受保护成员在派生类中仍然分别是公有成员和受保护成员,而私有成员变成不可访问成员。如果是保护继承,基类中的公有成员和受保护成员在派生类中均变成受保护成员,私有成员变成不可访问成员。如果是私有继承,则基类中的公有成员和受保护成员在派生类中均变成私有成员,私有成员则变成不可访问成员;如果再以该派生类为基类派生出新的类,则这些成员在新的类中全变成不可访问成员;因此,在实际应用中,私有继承几乎不用。

表 6.1 基类成员在派生类中的访问属性

基 类 成 员	派生类成员		
	公 有 继 承	保 护 继 承	私 有 继 承
public 成员	public 成员	protected 成员	private 成员
protected 成员	protected 成员	protected 成员	private 成员
private 成员	不可访问成员	不可访问成员	不可访问成员
不可访问成员	不可访问成员	不可访问成员	不可访问成员

6.3　派生类中的成员

派生类中有从基类继承下来的成员，也有自己新增的成员。对于普通的成员，包括数据成员和函数成员，其访问特性和使用规则与不存在继承关系的类的成员的访问特性和使用规则类似，需要注意的一点是存在同名隐藏的情况。这里主要介绍不能被继承的函数，即构造函数、析构函数、复制构造函数和赋值运算符函数，同时也介绍既有继承又有组合时构造函数、析构函数、复制构造函数和赋值运算符函数的设计。另外，友元关系不能被继承。

下面以公有继承方式来说明动物、鸟、鱼、麻雀的派生关系，其类图如图 6.2 所示。在该例中，动物类 CAnimal 是最高层的抽象，因为每种动物都有一个名字，所以该名字就成为动物类的私有数据成员（name）；动物都有一个平均寿命，所以应该有一个私有的数据成员（lifespan）来描述它；同时，每种动物都会叫（speak）、会呼吸（breathe），从而它们成为动物类的公有函数成员，但是，对于动物这个抽象概念来说，还不知道该怎么实现它们，即还无法确定如何叫、如何呼吸；动物类提供了一个公有的 print() 函数以便输出其对象中的具体数据。根据这个分析，CAnimal 类可设计如下（其中，MyString 类与 CAnimal 类构成组合关系）：

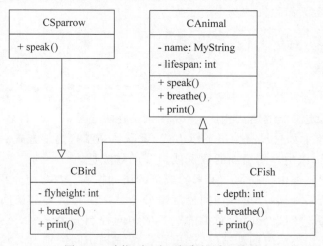

图 6.2　动物、鸟、鱼、麻雀的派生关系

```
class CAnimal
{
public:
    CAnimal(const char * s = "Animal", int span = -1);
    void print();
    void speak();
    void breathe();
private:
    MyString name;
    int lifespan;
};

//CAnimal 的实现
CAnimal::CAnimal(const char * s, int span) : name(s), lifespan(span)
{
    cout << "CAnimal 的构造函数被调用..." << endl;
```

```
    }

    void CAnimal::print()
    {
        cout << "CAnimal::print()函数被调用..." << endl;
        cout << "名字: " << name << endl;
        cout << "平均寿命(年, -1 表示未知): " << lifespan << endl;
    }

    void CAnimal::speak()
    {
        cout << "我不知道该怎么叫..." << endl;
    }

    void CAnimal::breathe()
    {
        cout << "我不知道该怎么呼吸..." << endl;
    }
```

下面结合此例逐步介绍派生类的构造函数、析构函数、复制构造函数和赋值运算符函数的设计。

6.3.1 构造函数

构造派生类的对象需要调用派生类的构造函数;同时,派生类的对象也是基类的对象,也需要调用基类的构造函数。在设计类的构造函数时遵循"各司其职"的原则,即一个类的构造函数仅负责自己的数据成员的初始化。因此,派生类的构造函数通常仅负责自己新增的数据成员的初始化,从基类继承来的数据成员的初始化由基类的构造函数负责。这样,就需要在执行派生类的构造函数之前先调用基类的构造函数。另外,当一个类是组合类时,即该类的某些数据成员是另一个类的对象时,需要在构造函数的初始化列表中初始化这些内嵌对象。因此,派生类的构造函数的一般实现形式如下:

```
派生类名::构造函数名(参数表) : 基类构造函数(参数表), 内嵌对象名(参数表), ...
{
    派生类构造函数的实现语句;
}
```

在这个实现形式中,如果初始化列表中的某些项目不需要参数,即只需要按照默认形式初始化,则可以不在初始化列表中列出。不过,尽管可以不在初始化列表中列出,相应的构造函数还是要被调用的。总结起来,调用派生类的构造函数时,发生的相关调用及其顺序是:首先,调用基类的构造函数;其次,按照内嵌对象在类中声明的顺序调用内嵌对象的构造函数;最后,执行派生类构造函数体中的内容。

例如,在上述 CAnimal 类的基础上派生出的鸟类 CBird。鸟类在继承动物类的基础上还会飞翔,但由于各种鸟飞行的高度不一样,就需要新增加一个数据成员 flyheight 来描述飞行高度,该数据可设为私有的;另外,对于鸟类来说,已经可以知道它在空气中呼吸,但还无法确定如何叫。其定义如下:

```
class CBird : public CAnimal
{
public:
    CBird(const char * s = "Bird", int span = -1, int h = -1);
```

```
    void print();
    void breathe();
private:
    int flyheight;                    //飞行的高度
};

//CBird 的实现 ------------------------------------------------
CBird::CBird(const char * s, int span, int h): CAnimal(s, span),flyheight(h)
{
    cout << "CBird 的构造函数被调用..." << endl;
}

void CBird::print()
{
    cout << "CBird::print()函数被调用..." << endl;
    CAnimal::print();                 //使用域作用符指明 print()函数是 CAnimal 中的实现
    cout << "飞行高度(米,-1表示未知):  " << flyheight << endl;
}

void CBird::breathe()
{
    cout << "我在空中呼吸..." << endl;
}
```

以 CBird 类为例,对派生类的设计说明如下:

(1) 在实现 CBird 类的构造函数时,需要在其初始化列表中调用基类 CAnimal 的构造函数,同时需要初始化新增加的数据成员 flyheight。

(2) 在实现 CBird 类的 print()函数时,需要输出基类中数据成员 name 和 lifespan 的数值,根据"各司其职"的原则,此时需要通过语句"CAnimal::print();"调用基类的 print()函数实现上述两个数据成员的输出。注意,此时不能直接进行如"print();"形式的调用,因为这样就形成了自己调用自己,从而陷入死循环。

(3) 在 CBird 类中重新实现了 breathe()函数,但没有重新实现 speak()函数,此时通过 CBird 类的对象仍然能够调用到 speak()函数并且执行的是 CAnimal 类中的实现。CBird 类的对象当然能够调用 breathe()函数,其执行的是 CBird 类实现的版本,程序如下:

```
CBird bird;
bird.speak();            //执行的是 CAnimal 类中的实现
bird.breathe();          //执行的是 CBird 类中的实现
```

(4) 在继承中存在同名隐藏的问题。如果基类中实现了一个函数,且在派生类中实现了同名函数,那么派生类中的同名函数就会隐藏基类中的同名函数。例如,语句"bird.breathe();"执行的是 CBird 类的实现。如果希望通过对象 bird 调用基类的函数实现,则需要明确说明,即语句改为"bird.CAnimal::breathe();"。

这里需要强调的是,同名隐藏与函数重载不同:对于函数重载,调用时会自动寻找合适的重载形式;对于同名隐藏,即使在派生类中找不到合适的函数可供调用,也不会到基类中去寻找合适的同名函数。如下面的程序所示。

```
class Base
{
```

```
public:
    void print() { cout << "nothing" << endl; }
    void print(int i) { cout << "integer " << i << endl; }
    void print(char c) { cout << "char " << c << endl; }
    void print(char * p) { cout << p << endl; }
};

class Derived : public Base
{
public:
    void print(double d) { cout << "double " << d << endl; }
};

int main()
{
    Derived d;
    d.print();                      //无法调用基类函数
    d.print(0);                     //将参数转换为 double 执行派生类的实现
    d.print('c');                   //将参数转换为 double 执行派生类的实现
    d.print("I love C++!");         //无法将参数转换为 double,故无法调用
    d.print(1.0);                   //执行派生类的实现
    return 0;
}
```

由于同名隐藏的原因,如果一个函数既需要在基类中实现,又需要在派生类中实现,则需要保证函数原型相同且将它声明为虚函数,从而表现出类的多态性——关于虚函数和多态将在第 7 章介绍;如果一个函数在基类和派生类中的行为性质不同,则需要考虑使用不同的函数名,从而也就不存在同名隐藏问题。

(5) 派生类对象可以作为基类对象来使用,反之则不行。这一点从逻辑上可以很容易理解:一般可以包括特殊,特殊不能包括一般。例如,假设 animal 是类 CAnimal 的对象、bird 是类 CBird 的对象,则可以使用语句"animal = bird;"将对象 bird 赋值给对象 animal。实际上,基类对象和派生类对象在内存中的存储结构有包含关系,即派生类对象占用的内存的一部分即是基类对象所需要的内存,而另一部分则是派生类中新增数据成员所需要的。上面语句中,对象 animal 和对象 bird 的内存结构如图 6.3 所示,因此在执行上面的赋值语句时,仅仅对 CAnimal 类中的数据成员 name 和 lifespan 赋值,而 CBird 类中的 flyheight 成员被省略了。

图 6.3　对象 animal 和对象 bird 的内存结构

(6) 基类指针可以指向派生类对象,反之不然,并且通过基类指针仅能调用基类的公有函数或者访问基类的公有数据成员。如下面的程序所示(假设 p_animal 是 CAnimal 类的指针)。

```
p_animal = &bird;               //基类指针可以指向派生类对象
p_animal -> print();            //执行 CAnimal 中的实现
```

```
p_animal -> speak();          //执行 CAnimal 中的实现
p_animal -> breathe();        //执行 CAnimal 中的实现
```

针对如上定义的 CAnimal 类和 CBird 类,例 6.1 演示了继承中的构造函数、对象的转换和使用。该程序的第 24 行是通过 CAnimal 的指针 p_animal 调用 breathe()函数,此时执行的是 CAnimal 的实现。这是不太合理的,因为毕竟该指针实际指向的是一个 CBird 类的对象且 CBird 类有自己的 breathe()函数实现,因此希望此时执行 CBird 类中的实现。要解决这个问题,就需要使用虚函数实现多态,这个内容将会在第 7 章介绍。

【例 6.1】 继承中的构造函数、对象的转换和使用。

```
1.   //略去头文件等内容
2.   int main()
3.   {
4.       CAnimal * p_animal;
5.       CAnimal animal;
6.       cout << "对象 animal 的内容: " << endl;
7.       animal.print();              //输出对象 animal 中的数据
8.       cout << "CAnimal 类对象的大小是: " << sizeof(animal) << "字节" << endl;

9.       CBird bird;                   //执行 CBird 的构造函数之前先执行基类的构造函数
10.      cout << "对象 bird 的内容: " << endl;
11.      bird.print();                //执行 CBird 的 print()函数实现
12.      cout << "CBird 类对象的大小是: " << sizeof(bird) << "字节" << endl;
13.      bird.speak();                //由于 CBird 没有实现 speak()函数,故执行基类的实现
14.      bird.breathe();              //执行 CBird 的 breathe()函数实现

15.      animal = bird;               //派生类对象可以赋值给基类对象,name 成员发生变化
16.      cout << "执行了\"animal = bird;\"后对象 animal 的内容: " << endl;
17.      animal.print();              //执行 CAnimal 的 print()函数实现
18.      animal.speak();              //执行 CAnimal 的 speak()函数实现
19.      animal.breathe();            //执行 CAnimal 的 breathe()函数实现

20.      p_animal = &bird;            //基类指针可以指向派生类对象
21.      cout << "CAnimal 类指针指向 CBird 类对象时的执行情况: " << endl;
22.      p_animal -> print();         //执行 CAnimal 的 print()函数实现
23.      p_animal -> speak();         //执行 CAnimal 的 speak()函数实现
24.      p_animal -> breathe();       //执行 CAnimal 的 breathe()函数实现

25.      return 0;
26.  }
```

例 6.1 的输出如下:

```
1.   CAnimal 的构造函数被调用…
2.   对象 animal 的内容:
3.   CAnimal::print()函数被调用…
4.   名字: Animal
5.   平均寿命(年, -1 表示未知): -1
6.   CAnimal 类对象的大小是: 8 字节
7.   CAnimal 的构造函数被调用…
8.   CBird 的构造函数被调用…
9.   对象 bird 的内容:
10.  CBird::print()函数被调用…
```

11. CAnimal::print()函数被调用...
12. 名字：Bird
13. 平均寿命(年，−1 表示未知)：−1
14. 飞行高度(米，−1 表示未知)： −1
15. CBird 类对象的大小是：12 字节
16. 我不知道该怎么叫...
17. 我在空中呼吸...
18. 执行了"animal = bird;"后对象 animal 的内容：
19. CAnimal::print()函数被调用...
20. 名字：Bird
21. 平均寿命(年，−1 表示未知)：−1
22. 我不知道该怎么叫...
23. 我不知道该怎么呼吸...
24. CAnimal 类指针指向 CBird 类对象时的执行情况：
25. CAnimal::print()函数被调用...
26. 名字：Bird
27. 平均寿命(年，−1 表示未知)：−1
28. 我不知道该怎么叫...
29. 我不知道该怎么呼吸...

类似地，可以从 CAnimal 类派生出鱼类 CFish。鱼类在继承动物类的基础上，还生活在不同深度的水中，为此需要一个数据成员 depth 来描述它，该数据同样可设为私有的；此时，已经可以知道它在水中呼吸，但还无法确定如何叫。其代码如下：

```
class CFish : public CAnimal
{
public:
    CFish(const char * s = "Fish", int span = −1, int h = −1);
    void print();
    void breathe();
private:
    int depth;                    //水中的深度
};

//CFish 的实现
CFish::CFish(const char * s, int span, int h)
    : CAnimal(s, span), depth(h)
{
}

void CFish::print()
{
    cout << "CFish::print()函数被调用..." << endl;
    CAnimal::print();
    cout << "水的深度(米，−1 表示未知)： " << depth << endl;
}

void CFish::breathe()
{
    cout << "我在水中呼吸..." << endl;
}
```

在 CFish 类中增加了一个整型的数据成员 depth 表示生活在水中的深度。注意，虽然在 CBird 类中也增加了一个整型的数据成员，看似可以将它们设计到基类中，但那样做是不合理的,原因是:首先,这两个数据成员的含义不同,如果移到基类,则会在派生类中造成含义混淆;其次,如果再派生出其他类,则该数据在新派生出的类中不一定有意义。

类的派生层次是不受限的,例如从 CBird 类可以继续派生出麻雀类 CSparrow,此时已经能够确定如何叫了。

```cpp
class CSparrow : public CBird
{
public:
    CSparrow(const char * s = "Sparrow", int span = 3, int h = 30);
    void speak();
};

//CSparrow 的实现
CSparrow::CSparrow(const char * s, int span, int h) : CBird(s, span, h)
{
    cout << "CSparrow 的构造函数被调用..." << endl;
}

void CSparrow::speak()
{
    cout << "啾啾..." << endl;
}
```

在 CSparrow 类中可以给出 speak() 函数的实现并明确叫的方式。对于 breathe() 函数,由于 CSparrow 类没有更多的行为,因此直接使用继承下来的实现就可以,不需要重新实现一遍。另外需要注意的是 CSparrow 的构造函数的实现:在其初始化列表中只需要调用其直接基类的构造函数,而不需要调用更上一层的构造函数。在构造 CSparrow 对象时,首先执行 CAnimal 类的构造函数,然后执行 CBird 类的构造函数,最后才执行 CSparrow 类的构造函数。下面的程序在构造了一个 CSparrow 类的对象后结束。

```cpp
//略去头文件等内容
int main()
{
    CSparrow  sparrow("Sparrow", 3, 30);
    return 0;
}
```

其输出如下:

```
CAnimal 的构造函数被调用...
CBird 的构造函数被调用...
CSparrow 的构造函数被调用...
```

在上面的例子中,派生类的构造函数的初始化列表中必需也只需明确调用直接基类的构造函数,这是因为基类中没有默认的构造函数。如果基类中有默认的构造函数,则在派生类构造函数的初始化列表中可以不明确调用基类的构造函数,但在构造派生类对象时仍然是先执行基类的构造函数且执行的是基类的默认构造函数,然后再执行派生类的构造函数。如果派生类还是组合类,则这些构造函数的执行顺序是:首先执行基类的构造函数,然后按成员对象的声明顺序执行成员对象的构造函数,最后执行派生类的构造函数。派生类的构造过程如例 6.2 所示。

【例 6.2】 派生类的构造过程。

```
1.     # include < iostream >
2.     using namespace std;

3.     class A1
4.     {
5.     public:
6.         A1(){ cout << "class A1 的构造函数被调用..." << endl; }
7.     };

8.     class A2
9.     {
10.    public:
11.        A2() { cout << "class A2 的构造函数被调用..." << endl; }
12.    };

13.    class Base
14.    {
15.    public:
16.        Base(){ cout << "class Base 的构造函数被调用..." << endl; }
17.    };

18.    class Derived : public Base
19.    {
20.        A1    a1;
21.        A2    a2;
22.        Base base;
23.    public:
24.        Derived() { cout << "class Derived 的构造函数被调用..." << endl; }
25.    };

26.    int main()
27.    {
28.        Derived derived;
29.        return 0;
30.    }
```

例 6.2 的输出如下：

```
1.    class Base 的构造函数被调用...
2.    class A1 的构造函数被调用...
3.    class A2 的构造函数被调用...
4.    class Base 的构造函数被调用...
5.    class Derived 的构造函数被调用...
```

6.3.2　析构函数

析构函数负责对象消亡前的清理工作，主要是堆内存的回收工作。设计析构函数时也遵循"各司其职"的原则，即派生类的析构函数负责回收派生类对象在堆上的内存，基类的析构函数负责回收基类在堆上的内存，不能越俎代庖，否则就可能会发生多次回收堆内存的情况。析构函数的调用顺序与构造函数的调用顺序完全相反。

另外需要注意的是：如果派生类对象在消亡前需要回收堆内存，那么在通过基类指针回收派生类对象时就会发生内存泄漏，原因是通过基类指针回收派生类对象时仅会调用基类的析构函数，而不会调用派生类的析构函数。造成内存泄漏的派生类的析构过程如例 6.3 所示。

【例6.3】 造成内存泄漏的派生类的析构过程。

```
1.      # include < iostream >
2.      using namespace std;

3.      class Base
4.      {
5.          int * p;
6.      public:
7.          Base()
8.          {
9.              p = new int[1024];
10.             for (int i = 0; i < 1024; i++)
11.                 p[i] = i;
12.             cout << "class Base 的构造函数被调用..." << endl;
13.         }

14.         ~Base()
15.         {
16.             delete [] p;
17.             cout << "class Base 的析构函数被调用..." << endl;
18.         }
19.     };

20.     class Derived : public Base
21.     {
22.         int * p;
23.         int num;
24.     public:
25.         Derived(int n)          //要求 n 大于或等于 1
26.         {
27.             num = n * n;
28.             p = new int[num];
29.             for (int i = 0; i < num; i++)
30.                 p[i] = i + n;
31.             cout << "class Derived 的构造函数被调用..." << endl;
32.         }

33.         ~Derived()
34.         {
35.             delete [] p;
36.             cout << "class Derived 的析构函数被调用..." << endl;
37.         }
38.     };

39.     int main()
40.     {
41.         {
42.             Derived derived1(1);
43.         }
44.         Base * p_Base = new Derived(1);
45.         delete p_Base;          //此时仅会调用基类的析构函数而不会同时调用派生类的析构函数

46.         return 0;
47.     }
```

例 6.3 的输出如下：

```
1.    class Base 的构造函数被调用...
2.    class Derived 的构造函数被调用...
3.    class Derived 的析构函数被调用...
4.    class Base 的析构函数被调用...
5.    class Base 的构造函数被调用...
6.    class Derived 的构造函数被调用...
7.    class Base 的析构函数被调用...
```

执行该程序的第 45 行时仅会调用基类 Base（即 p_Base 指针的类型）的析构函数,而不会调用派生类 Derived 的析构函数,从而造成内存泄漏。要解决该问题需要用到虚函数,即将基类的析构函数声明为虚函数。在本例中,需要在 Base 类的析构函数的最前面加上 virtual 关键字,此时,执行例 6.3 中的第 45 行时会先执行派生类的析构函数,然后执行基类的析构函数,从而解决了上述内存泄漏问题。

另外,本例的 Base 类和 Derived 类都用到了堆上的内存,因此需要为它们实现复制构造函数和赋值运算符函数,否则就存在着内存泄漏的隐患,例如,下面的程序就无法正确运行。

```
Derived derived1(1);
Derived derived2(20);
Derived derived3(derived2);        //此时无法正确执行复制构造
derived1 = derived3;               //此时无法正确完成赋值
```

为修正上面程序的运行时错误,就需要为 Base 类和 Derived 类实现复制构造函数和赋值运算符函数。下面两节分别介绍它们。

6.3.3 复制构造函数

在第 3 章已经介绍过,当没有编写复制构造函数时,编译器会自动提供一个默认的复制构造函数。对于派生类来说,该默认的复制构造函数会自动调用基类的复制构造函数。因此,如果派生类的新增成员中没有使用堆内存,则不必为其实现复制构造函数；否则,就必须为其编写复制构造函数。

在例 6.3 中,由于派生类 Derived 使用了堆内存,因此必须为其提供复制构造函数完成深复制,其实现形式如下：

```
Derived(const Derived & derived) : Base(derived)
{
    num = derived.num;
    p = new int[num];
    for (int i = 0; i < num; i++)
        p[i] = derived.p[i];
    cout << "class Derived 的复制构造函数被调用..." << endl;
}
```

在这个实现中,一定要注意在初始化列表中调用基类 Base 的复制构造函数,并且其参数就是派生类的复制构造函数的参数。如果不在初始化列表中明确调用基类的构造函数,则会调用基类的无参构造函数。再次强调,在这里只需要调用直接基类的复制构造函数,因为调用直接基类的直接基类的复制构造函数的任务应由直接基类负责。

相应地,Base 类的复制构造函数可以实现如下：

```
Base(const Base & base)
{
    p = new int[1024];
    for (int i = 0; i < 1024; i++)
        p[i] = base.p[i];
    cout << "class Base 的复制构造函数被调用..." << endl;
}
```

6.3.4　赋值运算符函数

与复制构造函数一样,当赋值运算符函数中需要实现深复制时,就需要编写它,而不能使用编译器默认的实现。对于例 6.3 中 Base 类的赋值运算符函数,其实现形式如下:

```
Base & operator = (const Base & base)
{
    if (this != &base)
    {
        //由于指针 p 指向的内存大小不变,因此不必像 MyString 类的赋值运算符
        //那样先回收内存再申请内存
        for (int i = 0; i < 1024; i++)
            p[i] = base.p[i];
    }
    cout << "class Base 的赋值运算符函数被调用..." << endl;
    return * this;
}
```

对于类 Derived,其赋值运算符函数可实现为如下形式(注意在实现中调用基类的赋值运算符函数的方式)。

```
Derived & operator = (const Derived & derived)
{
    if (this != &derived)
    {
        Base::operator = (derived);          //基类的数据由基类的赋值运算符负责复制
        delete [] p;
        num = derived.num;
        p = new int[num];
        for (int i = 0; i < num; i++)
            p[i] = derived.p[i];
    }
    cout << "class Derived 的赋值运算符函数被调用..." << endl;
    return * this;
}
```

6.4　多继承与虚基类

视频讲解

除 C++语言外,其他面向对象的程序设计语言,如 C♯、Java 等,都不支持多继承。多继承被称为“20 世纪 90 年代的 goto”,但在有些特殊情况下还是有必要使用多继承的。声明多继承的派生类的语法为:

```
class 派生类名 : 继承方式 基类名1, 继承方式 基类名2, ...
{
    派生类的成员;
};
```

在调用派生类的构造函数时,会自动调用基类的构造函数,调用顺序是声明类时各个基类的排列顺序。在多个基类中可能有同名成员,如果要访问同名成员,则需要使用基类名指明是哪个基类中的成员。如下面的程序所示。

```
class B1
{
protected:
    int a;
    int b;
};

class B2
{
protected:
    int b;
    int c;
};

class D : public B1, public B2
{
public:
    void init(int a, int b1, int b2, int c)
    {
        this->a = a;
        this->B1::b = b1;              //通过域作用符指明 B1 类中的成员 b
        this->B2::b = b2;              //通过域作用符指明 B2 类中的成员 b
        this->c = c;
    }
};
```

在上面的程序中,基类 B1 和 B2 中有同名成员 b。由于 D 同时从 B1 和 B2 继承,则 D 中就同时有 B1 和 B2 的数据成员,且它们在内存中按照继承的顺序排列。因此,在派生类 D 的成员函数 init()中访问 B1 和 B2 类的同名成员时需要使用基类名来加以明确。类 B1、B2 和 D 的内存模型如图 6.4 所示。

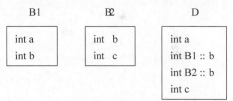

图 6.4　类 B1、B2 和 D 的内存模型

在多层的多继承中,有时继承关系会出现派生类从同一个间接基类沿不同路径派生的情况,此时,如果不加以处理,间接基类中的数据成员在派生类中就会出现多个副本,这样就会造成浪费和混淆。如下面的程序所示。

```
class IObase
{
protected:
    char * p;
};

class Input : public IObase
{
public:
    //有关输入的函数
```

```
};

class Output : public IObase
{
public:
    //有关输出的函数
};

class InputOutput : public Input, public Output
{
public:
    //有关输入和输出的函数
};
```

在这段程序中,类 InputOutput 从类 Input 和 Output 直接派生,从类 IObase 间接派生,因此类 InputOutput 中有两份 IObase 中的数据成员,其内存模型如图 6.5 所示。

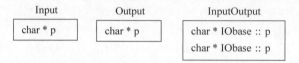

图 6.5　类 Input、Output 和 InputOutput 的内存模型

为解决这个问题,在派生类 Input 和 Output 时需要将 IObase 类声明为虚基类,修改后的继承方式如下:

```
class IObase
{ ...
};

class Input : virtual public IObase        //使用虚基类
{ ...
};

class Output : virtual public IObase        //使用虚基类
{ ...
};

class InputOutput : public Input, public Output
{ ...
};
```

由于使用了虚基类,类 Input 和 Output 中会自动加入一个指针成员 vbtable,称为虚基类指针,该指针指向类的虚基类表。使用虚基类时类 Input、Output 和 InputOutput 的内存模型如图 6.6 所示。

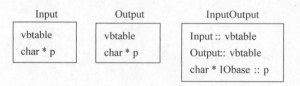

图 6.6　使用虚基类时类 Input、Output 和 InputOutput 的内存模型

使用虚基类的情况下,派生类的内存布局还有更加复杂的情况。不过,由于通常的程序设计中很少用到多继承,即使用到了多继承,只要将基类定义为虚基类即可,因此这里不细究更多关于内存布局的问题。另外,对于多继承中的构造函数、复制构造函数、析构函数和赋值运算符函数的设计可以参考之前的设计方法,这里不再详细探究。

使用多继承会使程序看起来简单,但是也要避免多继承的滥用,例如,眼(Eye)有看(look)的功能、鼻子(Nose)有嗅(smell)的功能、嘴(Mouth)有说(speak)的功能、耳(Ear)有听(listen)的功能,而头(Head)有上述各类的功能,此时就可能会滥用多继承,如下面的程序所示。

```cpp
class Eye
{
public:
    void look();
};

class Nose
{
public:
    void smell();
};

class Mouth
{
public:
    void speak();
};

class Ear
{
public:
    void listen();
};

class Head : public Eye, public Nose, public Mouth, public Ear
{
};
```

上面程序中,类 Head 的实现非常简单,但其程序设计思想却是错误的,在使用继承时没有考虑派生类与基类之间应有"是一个"关系。实际上,眼、鼻、嘴、耳均是头的一部分,因此应该使用组合,而不是多继承。修改后的程序如下:

```cpp
class Head
{
public:
    void look() { m_eye.look(); }
    void smell() { m_nose.smell(); }
    void speak() { m_mouth.speak(); }
    void listen(){ m_ear.listen(); }
private:
    Eye      m_eye;
    Nose     m_nose;
    Mouth    m_mouth;
    Ear      m_ear;
};
```

使用组合看似是比较烦琐的方法,但却是正确的设计方法。

6.5 继承与组合

从上面的讲述中,可以看到通过继承可以节约编程量。例如在 CBird 类的 print()函数的实现中,为了输出从基类继承下来的 name 和 lifespan 成员,仅需要调用基类的 print()函数,这样既有很好的封装性,又节约了编程工作量。又如,在 CBird 类中,speak()函数可以直接从基类 CAnimal 继承,而不需要再次实现。

组合也是节约编程量的一种方法。那么什么时候使用继承,什么时候使用组合呢?这就需要考虑两个类之间的关系。当两个类间有"是一个"关系时,可以考虑使用继承,例如前面讲过的 CBird 类和 CAnimal 类;当两个类间有"有一个"关系,更准确地说有"是…的一部分"的关系时,需要考虑使用组合关系。

在实际使用中,组合关系常被误用为继承关系。为进一步明确组合与继承的不同,考虑下面情况:假设有一个圆类 Circle,其有表示半径的数据成员,提供计算周长和面积的公有函数,并在此基础上设计圆柱体类 Cylinder。类 Circle 的具体定义如下:

```cpp
class Circle
{
public:
    Circle(double r = 0) : radius(r) { }
    double circumference() { return 2 * 3.14 * radius; }
    double area() { return 3.14 * radius * radius; }
    double get_radius() { return radius; }
private:
    double radius;
};
```

如果现在要定义一个圆柱体类 Cylinder,则需要考虑圆柱体是在圆的基础上加上一个高构成,并且圆非圆柱,圆只是构成描述圆柱体的一部分而已,因此应使用组合来设计圆柱体类,具体定义如下:

```cpp
class Cylinder
{
public:
    Cylinder(Circle c, double h) : btm(c), height(h) { }
    Circle bottom() { return btm; }
    double volume() { return btm.area() * height; }
private:
    Circle btm;
    double height;
};
```

当然,从功能上来说,可以通过继承来设计圆柱体类,即从 Circle 派生并添加一个高度成员,但这种设计思想是错误的,是对继承关系的滥用。示例程序如下:

```cpp
class Cylinder : public Circle
{
public:
    Cylinder(double r, double h) : Circle(r), height(h) { }
    Circle bottom() { return * this; }
    double volume() { return this -> area() * height; }
```

```
private:
    double height;
};
```

6.6 小　　结

本章介绍了 C++ 语言中的继承。继承是实现代码重用的方法之一,也为程序的演化提供一种清晰的结构。使用继承时需要特别注意类间要有"是一个"关系,并且基类中的成员在派生类中要有意义。

设计派生类的构造函数时需要注意在初始化列表中调用直接基类的合适的构造函数;设计派生类的复制构造函数时需要注意在初始化列表中调用直接基类的复制构造函数;为防止通过基类指针回收派生类对象时产生内存泄漏问题,需要使用 virtual 关键字将基类的析构函数声明为虚函数。为派生类定义赋值运算符时需要在实现中明确调用基类的赋值运算符完成基类数据的赋值。当派生类同时也是组合类时,各构造函数的执行顺序为:先执行基类的构造函数,然后按成员对象在派生类中定义的顺序执行它们的构造函数,最后才执行派生类的构造函数。析构函数的执行顺序与构造过程完全相反。

虽然实际使用中通常使用公有继承,但并不是说不可使用其他的继承方式。当希望屏蔽基类的公有函数而只希望提供派生类的公有函数时,可以使用私有继承或保护继承的方式。例如将网络地址保存为一个字符串,此时可以考虑从字符串类 MyString 继承下来。假设从MyString 类派生出的网络地址类为 IPv4 且希望该类的所有公有函数均由其自身提供,也就是说不允许使用 MyString 类的公有函数,则可以使用私有继承或保护继承。

另外,在实际使用中,组合关系时常误用为继承关系。为防止产生此类错误,需要牢记继承的基本使用条件是基类和派生类间有"是一个"关系。

最后,虽然本章介绍了关于继承的内容,但是仅通过继承还无法实现一些合理的期望,例如,通过指向派生类对象的基类指针调用基类的公有函数时只能执行基类的实现版本,而不能执行派生类的实现版本。这就限制了继承的使用。为解决这个问题,需要学习第 7 章要介绍的虚函数和多态。

6.7 习　　题

1. 继承的方式有哪些? 它们有什么区别?

2. 类的私有成员和受保护成员在访问权限上有什么区别?

3. 什么情况下考虑使用继承? 什么情况下考虑使用组合?

4. 哪些函数可以被继承? 哪些函数不可以被继承?

5. 友元关系可以被继承吗? 请编程实验。

6. 如果派生类同时是一个组合类,那么设计派生类的构造函数时需要注意什么? 派生类的构造函数、基类的构造函数、派生类的成员对象的构造函数的调用顺序是什么样的? 它们对应的析构函数的调用顺序是什么样的?

7. 什么是继承中的同名隐藏? 举例说明。

8. 设计派生类的复制构造函数时应注意什么? 设计派生类的赋值运算符函数呢?

9. 假设有一个点类 CPoint,通过添加表示长和宽的数据成员从该类派生出矩形类CRectangle 合理吗? 请解释。

10. 通过一个指向派生类对象的基类指针回收一个对象时有可能发生内存泄漏的问题,举例说明这种情况,并给出解决方法。

11. 在6.3.1节中定义的 CBird 类和 CFish 类都是从 CAnimal 类派生而来的,都是新增一个 int 类型的数据成员,那么为什么不将这个数据成员设计成 CAnimal 类的数据成员呢?

12. 在6.3.1节中定义的派生类的构造函数的初始化列表中均明确调用了基类的构造函数,不明确调用可以吗?

13. 在下面的程序中,对象 b 和 c 拥有多少数据成员? 这些成员的访问控制是怎样的? 对象 b 和 c 的大小分别是多少?

```
class A
{
protected:
    int x;
    static int y;
};

class B : public A
{
    int z;
};

class C : A
{
    int m;
};

B b;
C c;
```

14. 找出并解释下面程序中的错误。

```
class A
{
public:
    A(int a) : x(a) { }
protected:
    void set(int a) { x = a; }
private:
    int x;
};

class B : public A
{
public:
    void func(A & a) { a.set(0); }
    int z;
};

int main()
{
    A a;
    a.set(a);
    return 0;
}
```

15. 写出下面程序的输出。

```cpp
class A
{
public:
    A() { cout << "A 的构造函数" << endl; }
    ~A() { cout << "A 的析构函数" << endl; }
};

class B
{
public:
    B() { cout << "B 的构造函数" << endl; }
    ~B() { cout << "B 的析构函数" << endl; }
};

class C : public B
{
public:
    C() : a(), B() { cout << "C 的构造函数" << endl; }
    ~C() { cout << "C 的析构函数" << endl; }
private:
    A a;
};

class D : public C
{
public:
    D() { cout << "D 的构造函数" << endl; }
    ~D() { cout << "D 的析构函数" << endl; }
private:
    A a;
};

int main()
{
    C c;
    D d;
    return 0;
}
```

16. 找出下面程序中的错误并解释。

```cpp
class A
{
protected:
    void print() { cout << "A 的 print()函数" << endl; }
};

class B : public A
{
public:
    void fun() { print(); }
};

int main()
```

```
{
    A a;
    B b;
    a.print();
    b.print();
    return 0;
}
```

17. 找出下面程序中的错误并解释。

```
class A
{
private:
    int a;
};

class B : public A
{
public:
    int f() { return a; }
};
```

18. 找出下面程序中的错误并解释。

```
class A
{
public:
    void f(double d) { cout << d << endl; }
};

class B : public A
{
public:
    void f(char * p) { cout << p << endl; }
};

int main()
{
    B b;
    b.f("I love C++!");
    b.f(3.14159);
    return 0;
}
```

19. 在第 5 章第 8 题 MyString 类的基础上私有或保护派生一个 IPv4 类，用来存储一个格式化的 IPv4 地址，并提供分别设置和返回点分十进制、点分十六进制和点分八进制的函数。

20. 例 6.3 中没有对类 Base 和类 Derived 进行很好的封装，请根据已经讲过的知识将这两个类封装完善。

21. 在第 3 章第 23 题的类 CStudent 的基础上，以 CStudent 类为基类派生出研究生类 CGraduate，在其中增加研究方向和导师姓名的信息（均为 MyString 类型）。然后观察派生类对象赋值给基类对象的情况、通过两个类的对象调用公有函数的情况、通过基类指针分别指向两个类的对象然后观察调用公有函数的情况，并解释运行结果。

第 7 章　虚函数和多态

本章介绍有关多态的内容。根据掌握面向对象程序设计的程度,可将学习 C++ 语言面向对象程序设计的过程分为三个阶段。

第一个阶段:简单地把 C++ 语言作为一个"更好的 C 语言"来使用。此时,程序设计思维仍然是过程化的,程序员只是利用了 C++ 语言的编译器去编译 C 语言程序。因为 C++ 语言对语法、类型的检查更为严格,因此使用 C++ 语言编程能够从中得到不少好处。

第二个阶段:进入"面向对象"的阶段。这意味着能够将数据结构和定义在它上面的函数封装在一起形成类,理解了封装的价值,也能够正确使用继承。但此时只能做一些简单的类设计,也只能使用不复杂的继承,否则就会碰到一些无法解决的问题。

第三个阶段:熟练使用虚函数,理解多态。虚函数加强了类型的概念,是 C++ 语言实现多态的方法。对于 C++ 语言的初学者,它是难掌握的,然而,它也是理解面向对象程序设计的转折点。可以说,如果不会用虚函数,就等于还不懂得面向对象程序设计。

另外需要说明的是,有人认为多态可分为编译时多态和运行时多态,其中,编译时多态包括函数重载、运算符重载和模板,而运行时多态是指使用虚函数实现的多态。本书介绍的多态仅指使用虚函数实现的多态。

视频讲解

7.1　静态绑定与动态绑定

为了说明多态,需要先介绍绑定(binding)的概念。绑定是指把函数体与函数调用相联系的过程。例如,下面的程序。

```
void print()
{
    cout << "I love C++." << endl;
}

int main()
{
    print();
    return 0;
}
```

通过生成的汇编语言可观察静态绑定函数调用过程,如图 7.1 所示。汇编程序的最后是一个 call 指令(内存地址是 004011E8),在该指令中通过给出 print() 函数的向量地址 0040103C 调用了 print() 函数,而函数向量地址 0040103C 处是一跳转指令 jmp,跳转到 print() 函数的入口处 00401170。由此可见,在调用 print() 函数时,该函数的入口地址已经直接编译到了调用的指令中。这种直接给出函数入口地址的绑定方式为静态绑定。因为这种绑定是在编译时就确定了的,所以也称早绑定。

```
...
@ILT+55(?print@@YAXXZ):
0040103C    jmp         print (00401170)
...          ③

void print()
{
00401170    push        ebp
00401171    mov         ebp,esp
...                                        ②
}
...
int main()
{
004011D0    push        ebp
004011D1    mov      ①  ebp,esp
...
print();
004011E8    call        @ILT+55(print) (0040103c)
...
```

图 7.1 静态绑定函数调用过程

在 C 语言中,所有的绑定都是静态绑定。在 C++ 语言中,到目前学习的内容为止,也都是静态绑定的,这也是例 6.1 中通过 CAnimal 类的指针调用 breathe() 函数时只能调用 CAnimal 类的实现的原因,哪怕该指针指向的是 CBird 的对象也是如此。

然而,使用基类指针指向派生类对象并调用一个函数时,如果派生类实现了这个函数则调用派生类的实现,否则才调用基类的实现,会给程序设计带来很大方便。要实现这个功能,需要使用动态绑定,即在程序运行时根据当时的情况来决定调用哪个函数实现。因为这种绑定方式是在运行时才确定的,所以也称为晚绑定。在 C++ 语言中,实现动态绑定的基础是虚函数。

7.2 虚 函 数

对于类的一个函数,为了引起动态绑定,C++ 语言要求在基类中声明函数时使用 virtual 关键字。这里需要注意的是,virtual 关键字仅在声明函数时是必需的,在函数实现时不能再次使用。另外,如果基类中的一个函数被声明为虚函数,那么在派生类中该函数就自动成为虚函数,并且在派生类中重新定义其实现时,不需要在声明中再次使用 virtual 关键字,虽然再次使用也是可以的。

下面以例 6.1 为背景,动物、鸟、麻雀类的多态如例 7.1 所示。在这里,对程序做了简化,略去了 CAnimal 类的实现,及 CBird 类和 CSparrow 类的声明与实现。

【例 7.1】 动物、鸟、麻雀类的多态。

```
1.   //file: animal.h
2.   #ifndef __ANIMAL_H__
3.   #define __ANIMAL_H__
```

```cpp
4.     #include"MyString.h"
5.     using namespace std;

6.     class CAnimal
7.     {
8.     public:
9.        CAnimal(const char * s = "Animal", int span = -1);
10.       virtual void print();          //使用 virtual 关键字将函数声明为虚函数
11.       virtual void speak();
12.       virtual void breathe();
13.    private:
14.       MyString name;
15.       int lifespan;
16.    };
17.    ...                               //略去 CAnimal 类的实现,CBird 类和 CSparrow 类的声明和实现

18.    //file: main.cpp
19.    #include"animal.h"
20.    using namespace std;

21.    int main()
22.    {
23.       CAnimal * p_animal;
24.       CBird     bird;
25.       CSparrow  sparrow("Sparrow", 3, 30);

26.       p_animal = &bird;
27.       p_animal -> print();          //调用 CBird 类的实现
28.       p_animal -> speak();          //调用 CAnimal 类的实现
29.       p_animal -> breathe();        //调用 Cbird 类的实现

30.       p_animal = &sparrow;
31.       p_animal -> print();          //调用 CBird 类的实现
32.       p_animal -> speak();          //调用 CSparrow 类的实现
33.       p_animal -> breathe();        //调用 CBird 类的实现

34.       return 0;
35.    }
```

其输出如下:

```
1.    CBird::print()函数被调用...
2.    CAnimal::print()函数被调用...
3.    名字: Bird
4.    平均寿命(年,-1 表示未知): -1
5.    飞行高度(米,-1 表示未知):  -1
6.    我不知道该怎么叫...
7.    我在空中呼吸...
8.    CBird::print()函数被调用...
9.    CAnimal::print()函数被调用...
10.   名字: Sparrow
11.   平均寿命(年,-1 表示未知): 3
12.   飞行高度(米,-1 表示未知):  30
13.   啾啾...
14.   我在空中呼吸...
```

125

第 7 章

下面分析例 7.1 的运行过程。在 main()函数中,首先用 CAnimal 类的指针 p_animal 指向一个 CBird 类的对象 bird(第 26 行),然后通过该指针发送 print()、speak()和 breathe()消息(第 27~29 行);然后将指针 p_animal 指向一个 CSparrow 类的对象 sparrow(第 30 行),并通过该指针发送相同的消息(第 31~33 行)。从运行结果看,输出的内容不再是基类 CAnimal 的函数实现的输出,而是对象 bird 和 sparrow 的内容。这正是我们希望的:使用基类指针指向派生类对象,然后通过该指针调用相同格式的函数时会根据指针指向的具体对象的不同执行对应的函数实现版本,从而表现出不同的行为。另外,从上面的程序也可以推测,不管类的继承层次有多少,编译器总能找到正确的函数实现,因此虚函数为程序设计提供了极大的方便。

为了理解虚函数的实现形式,即实现动态绑定的方式,下面来看一下虚函数的内存模型,如图 7.2 所示。

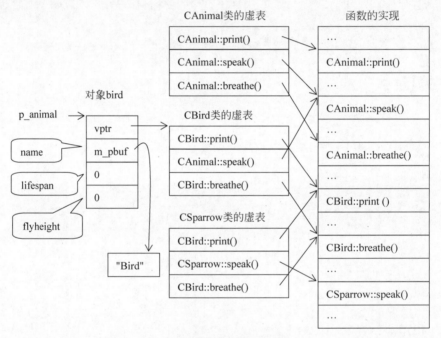

图 7.2 虚函数的内存模型

由图 7.2 可以明显地看出,每个有虚函数的类都有一张独立的虚表,其中的每一项是一个函数指针,指向该类对应函数的入口地址;如果某类没有重新实现基类中的虚函数,则该类虚表中的对应项指向基类实现的函数的入口地址。为简洁起见,这里将虚表中的指针直接指向函数实现的首地址。对于有虚函数的类来说,其对象占用的内存中除它的数据成员需要的内存外,还有一个虚指针 vptr 占用的空间。实际上,当没有使用虚函数时,一个 CBird 对象占用的内存是 3 个 int 型数据大小的空间(成员 name 中封装的 char 类型的指针,加上 lifespan 和 flyheight 两个 int 型成员);当使用了虚函数时,一个 CBird 对象占用的内存是 4 个 int 型数据大小的空间,因为多了一个 vptr 指针。

另外需要说明的是,虚函数为动态绑定提供了可能,但并不是对所有的虚函数调用都使用动态绑定。如果在类内部调用虚成员函数或者通过指针、引用来调用虚函数,编译器会采用动态绑定,因为它无法在编译时判定到底该调用哪个函数;如果能够在编译时确定到底该调用哪个函数实现,就会使用静态绑定,如语句"bird.print();"就会直接调用 CBird 类的实现而不再通过虚指针实现动态绑定。

前面已经介绍过,如果一个函数在基类中被声明为虚函数,则该函数在派生类中自动成为虚函数。那么,是不是总能通过派生类的对象调用到该虚函数呢?答案是否定的,因为还存在函数同名隐藏的情况。虚函数与函数同名隐藏如例 7.2 所示,其中基类的虚函数被派生类中的同名函数隐藏了。

【例 7.2】 虚函数与函数同名隐藏。

```
1.     # include < iostream >
2.     using namespace std;

3.     class CBase
4.     {
5.     public:
6.         virtual void print(){ cout << "CBase::print()" << endl; }
7.     };

8.     class CDerived : public CBase
9.     {
10.    public:
11.        void print(int i)          //与基类的虚函数 print()不同,因此不能自动成为虚函数
12.        { cout << i << endl; }
13.    };

14.    int main()
15.    {
16.        CDerived derived;
17.        derived.print(0);          //此时调用的是派生类中的函数,不是基类中的虚函数
18.        derived.print();           //此调用非法,因为基类的该函数被隐藏了

19.        CBase * pBase = &derived;
20.        pBase -> print();          //调用的是基类的虚函数 print()

21.        return 0;
22.    }
```

在例 7.2 中,第 18 行的函数调用是非法调用,因为在派生类 CDerived 中没有明确实现该print()函数(该 print()函数继承自基类 CBase),同时又实现了另外一个同名函数,因此该print()函数被 CDerived 类中的另一个 print()函数隐藏了。

从上面的程序和分析可观察到,在派生类中实现的与基类的虚函数同名的函数不一定是虚函数。那么如何判断派生类中的一个函数是否是虚函数呢?规则如下:

(1)声明函数时使用了 virtual 关键字,则该函数是虚函数;

(2)函数名、参数表和返回值类型与基类的某个虚函数完全相同,则该函数自动成为虚函数。

7.3　构造函数与析构函数

当创建一个对象时,需要调用构造函数来初始化这个对象的数据成员。对于含有虚函数的类来说,当创建该类的对象时,除需要初始化数据成员外,还要初始化虚指针,使它指向类的虚表。所有这些工作都是由构造函数完成的,并且对虚指针的初始化指令是由编译器添加到构造函数中的。在介绍继承时已经介绍过构造函数的调用顺序:在调用派生类的构造函数之前

一定会先调用基类的构造函数。这就产生了一个有趣的问题：在构造函数中如何调用虚函数？

为回答这个问题，先分析通过基类指针调用普通的成员函数且在该普通函数中调用虚函数的情形。此时，普通函数中调用的虚函数一定是通过动态绑定完成的，因为此时对象已经构造完毕且无法确定当前的对象到底是基类的对象还是派生类的对象。那么在构造函数中是不是这种情况呢？在析构函数中呢？下面先通过例 7.3 来观察一下在构造函数、析构函数和普通函数中调用虚函数的情况。

【例 7.3】 在构造函数、析构函数和普通函数中调用虚函数。

```
1.    # include < iostream >
2.    using namespace std;

3.    class CBase
4.    {
5.    public:
6.       CBase(){ vprint(); }
7.       ~CBase() { vprint(); }
8.       virtual void vprint(){ cout << "CBase::vprint()" << endl; }
9.       void print(){ vprint(); }
10.   };

11.   class CDerived : public CBase
12.   {
13.   public:
14.      CDerived(){ vprint(); }
15.      ~CDerived() { vprint(); }
16.      void vprint(){ cout << "CDerived::vprint()" << endl; }
17.   };

18.   int main()
19.   {
20.      CDerived derived;
21.      CBase * pBase = &derived;

22.      pBase -> vprint();
23.      pBase -> print();

24.      return 0;
25.   }
```

其输出如下：

```
1.    CBase::vprint()           //第 20 行基类构造函数的输出
2.    CDerived::vprint()        //第 20 行派生类构造函数的输出
3.    CDerived::vprint()        //第 22 行的输出
4.    CDerived::vprint()        //第 23 行的输出
5.    CDerived::vprint()        //派生类析构
6.    CBase::vprint()           //基类析构
```

从上面的输出可以看出，在构造函数中调用虚函数时，被调用的函数是该构造函数所属类的实现版本，原因是：在构造派生类 CDerived 的对象时，首先调用基类 CBase 的构造函数，此时虚指针被构造函数设置为指向 CBase 类的虚表，因此在 CBase 类的构造函数中调用虚函数时会调用 CBase 类的实现版本，并且不论使用静态绑定还是动态绑定都会如此（由于使用动态绑定效率较低，因此使用静态绑定更为简便）；接着需要调用派生类 CDerived 的构造函数，此时会重新设置虚指针指向 CDerived 类的虚表,于是在该构造函数中调用虚函数时会调用 CDerived 类的实现版本。因此,从效率上考虑,在构造函数中会采用静态绑定的方式调用"本地"的函数实现。

对于析构函数,它的调用顺序与构造过程相反,因此在调用一个析构函数时,在派生层次中更晚派生的类已经不存在,从而也就无法调用更晚实现的虚函数,因此,析构函数中调用虚函数只能执行"本地"的实现版本。在例 7.3 中,CDerived 类的析构函数中调用虚函数 vprint(),执行的是 CDerived 类的实现;CBase 类的析构函数中调用虚函数 vprint(),执行的是 CBase 类的实现。

另外,已经介绍过,例 6.3 中会发生内存泄漏,这是因为基类的析构函数没有声明为虚函数,因此在通过基类指针删除派生类的对象时仅会调用基类的析构函数。为解决此问题,需要将基类的析构函数声明为虚函数。作为一个准则,在可能有继承的类中都需要将析构函数定义为虚函数。

最后,如果在派生类中需要修改基类的行为,即需要重新实现同名函数,就应该在基类中将该函数声明为虚函数。对于基类中的非虚函数来说,它们通常代表那些不希望被派生类改变的功能,因此不需要在派生类中重写这些函数,虽然语法上对此并不限制(重写时会发生函数同名隐藏)。另外,在重新实现继承来的虚函数时,如果函数有默认形参值,则不要重新定义不同的值,因为默认形参值是静态绑定的。可参考习题第 8 题学习这一点。

7.4 动态类型转换

视频讲解

派生类的对象可以作为基类的对象来使用,因此可以用基类的指针指向派生类的对象,此时派生类指针可隐含转换为基类的指针,如例 7.3 的 main() 函数中的第 21 行中的语句"CBase * pBase = &derived;"就是这样的隐式转换。

不过,有时候需要确定基类的指针指向的到底是什么对象,或者需要将基类指针转换为派生类的指针。此时就需要进行明确的类型转换。为此,C++语言提供了安全的指针转换方式:dynamic_cast 转换方式,其语法格式如下:

```
dynamic_cast<目标类型>(源类型);
```

其中,目标类型和源类型必须均是指针或均是引用,并且在使用此种转换时要求目标类型和源类型间有多态关系,即两种类型间有继承关系且基类中有虚函数;如果转换成功,则返回一个有效的指针或引用,否则返回空指针或产生异常。考虑例 7.3 中的类 CBase 和 CDerived,进行动态转换的方法如下面的程序所示。

```
1.    int main()
2.    {
3.       CBase * pBase = new CBase;
4.       CDerived * pDerived = dynamic_cast < CDerived * >(pBase);        //转换失败
5.       if (pDerived == NULL)
6.          cout << "false" << endl;
7.       else
8.          cout << "true" << endl;
9.       delete pBase;

10.      pBase = new CDerived;
11.      pDerived = dynamic_cast < CDerived * >(pBase);                   //转换成功
```

```
12.        if (pDerived == NULL)
13.            cout << "false" << endl;
14.        else
15.            cout << "true" << endl;
16.        delete pBase;

17.        return 0;
18.    }
```

对于上面程序第 4 行的转换,由于其中的指针 pBase 指向的是一个 CBase 类型的对象,因此不能将其动态转换为 CDerived 类型的指针,所以执行转换后 pDerived 是一个空指针;对于程序第 11 行的转换,由于其中的指针 pBase 指向的是一个 CDerived 类型的对象,因此能够将其动态转换为 CDerived 类型的指针,所以执行转换后 pDerived 是一个有效的指针。

7.5 纯虚函数和抽象类

在例 7.1 中,CAnimal 类的函数主要是提供一个公共的操作接口。在该例中,虽然可以创建一个动物类的对象,但从逻辑上讲不太合适。假设程序涉及的类中仅有动物、鸟和麻雀,此时,能找到一个不属于麻雀的动物吗? 显然不能,因为此时只要是一个动物,它一定是一只麻雀;同理,只要是一个动物,它一定是一只鸟。因此,这里的动物类和鸟类仅是一种抽象,其作用是提供一个公共的接口,而不是用来创建仅属于这些类型而不属于更具体的类型的对象。也正因为如此,就没有必要为那些无法确定具体行为的函数提供实现。对于普通的函数(包括虚函数)来说,只要声明了函数,就一定要为它提供实现。不过,也有仅提供函数声明而不提供函数实现的方法,那就是将函数声明为纯虚函数。

纯虚函数的声明格式与虚函数的声明格式区别不大,其格式如下:

```
virtual 返回值类型 函数名(参数表) = 0;
```

一个函数被声明为纯虚函数,则不需要再为该函数提供函数体。在以该类为基类的派生类中,如果需要,则可以为纯虚函数提供函数体,此时对虚函数就不再是纯虚函数了。

带有纯虚函数的类称为抽象类,不能创建其对象,其主要作用是通过它为一个类族提供一组公共的接口,这些接口的实现需要在派生类中根据需要给出,从而使它们能够更好地发挥多态性。如果派生类给出了所有纯虚函数的实现,则这个派生类就不再是抽象类,就可以创建该派生类的对象;否则,该派生类仍然是抽象类,不能实例化。抽象类虽然不能实例化,但可以声明其类型的指针,从而通过这个指针访问其提供的公共接口。下面以例 6.1 为背景说明纯虚函数与抽象类,如例 7.4 所示,其中使用抽象类的动物、鸟、麻雀的类图如图 7.3 所示。

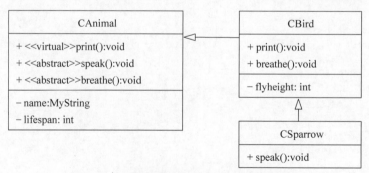

图 7.3 使用抽象类的动物、鸟、麻雀的类图

【例 7.4】 纯虚函数与抽象类。

```
1.    //file: animal.h
2.    #ifndef __ANIMAL_H__
3.    #define __ANIMAL_H__
4.    #include"MyString.h"

5.    using namespace std;

6.    class CAnimal
7.    {
8.    public:
9.        CAnimal(const char * s = "Animal", int span = -1);
10.       virtual void print();
11.       virtual void speak() = 0;
12.       virtual void breathe() = 0;
13.   private:
14.       MyString name;
15.       int lifespan;
16.   };

17.   class CBird : public CAnimal
18.   {
19.   public:
20.       CBird(const char * s = "Bird", int span = -1, int h = -1);
21.       void print();
22.       void breathe();
23.   private:
24.       int flyheight;          //飞行的高度
25.   };

26.   class CSparrow : public CBird
27.   {
28.   public:
29.       CSparrow(const char * s = "Sparrow", int span = 3, int h = 30);
30.       void speak();
31.   };

32.   #endif

33.   //file: animal.cpp
34.   #include"animal.h"
35.   #include<cstring>
36.   #include<iostream>
37.   #include<iomanip>
38.   using namespace std;

39.   //CAnimal 的实现 ------------------------------------------------
40.   CAnimal::CAnimal(const char * s, int span) : name(s), lifespan(span)
41.   {
42.   }

43.   void CAnimal::print()
44.   {
```

```
45.         cout << "CAnimal::print()函数被调用..." << endl;
46.         cout << "名字: " << name << endl;
47.         cout << "平均寿命(年, -1 表示未知): " << lifespan << endl;
48.     }

49.     //CBird 的实现 ------------------------------------------------
50.     CBird::CBird(const char * s, int span, int h) : CAnimal(s, span), flyheight(h)
51.     {
52.     }

53.     void CBird::print()
54.     {
55.         cout << "CBird::print()函数被调用..." << endl;
56.         CAnimal::print();
57.         cout << "飞行高度(米, -1 表示未知):  " << flyheight << endl;
58.     }

59.     void CBird::breathe()
60.     {
61.         cout << "我在空中呼吸..." << endl;
62.     }

63.     //CSparrow 的实现 ------------------------------------------------
64.     CSparrow::CSparrow(const char * s, int span, int h) : CBird(s, span, h)
65.     {
66.     }

67.     void CSparrow::speak()
68.     {
69.         cout << "啾啾..." << endl;
70.     }

71.     //main.cpp
72.     # include"animal.h"
73.     using namespace std;

74.     int main()
75.     {
76.         CAnimal * p_animal;
77.         CSparrow   sparrow("Sparrow", 3, 30);

78.         p_animal = &sparrow;
79.         p_animal -> print();           //调用 CBird 类的实现
80.         p_animal -> speak();           //调用 CSparrow 类的实现
81.         p_animal -> breathe();         //调用 CBird 类的实现

82.         return 0;
83.     }
```

其输出如下:

```
1.     CBird::print()函数被调用...
2.     CAnimal::print()函数被调用...
3.     名字: Sparrow
```

7.6 应用举例

使用多态能够解决第 6 章遇到的诸如通过基类指针只能调用到基类的函数实现的问题,从而为程序的设计带来方便。下面通过两个例子来说明多态的使用。

【例 7.5】 例 3.9 中使用面向对象的方法设计了计算运动场造价的程序,在程序中,运动场类 CPlayground 中有一个表示运动场基本形状的 CPlaygraph 类的对象,其中 CPlaygraph 类表示一个矩形。现在假设要同时设计计算圆形溜冰场的造价的程序,其在问题基本描述上,只有基本图形改为了圆形,没有了两端半圆形的空地,其他的都不变。此时,该如何设计程序?通过分析可知:只需要将 CPlayground 中的 CPlaygraph 对象替换为表示圆的对象就可以了,其他的程序都是可以重用的。为此,需要重新构造程序的结构,其使用抽象类的运动场造价类图如图 7.4 所示。

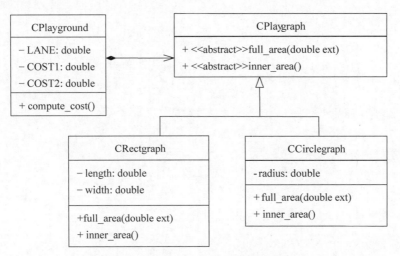

图 7.4　使用抽象类的运动场造价类图

在这个设计中,抽象类 CPlaygraph 的作用主要是为子类提供一组公共的接口,运动场的基本形状由 CPlaygraph 类的子类给出;由于运动场类 CPlayground 与类 CPlaygraph 是组合关系,而 CPlaygraph 又是抽象类,因此在 CPlayground 中应有一个 CPlaygraph 类型的指针。为讲解上的方便,CPlaygraph、CRectgraph 和 CCirclegraph 的声明均在文件 graph.h 中。

```
//file: graph.h
# ifndef __GRAPH_H__
# define __GRAPH_H__

# include < iostream >
# include < math.h >
using namespace std;

# define PI 3.14159
```

```
class CPlaygraph                          //基本形状基类,定义为抽象类
{
public:
    virtual ~CPlaygraph(){ }
    //计算图形向外扩展 ext 后的面积          定义为纯虚函数
    virtual double full_area(const double ext = 0) const = 0;
    virtual double inner_area() const = 0;    //计算中间图形的面积
};

class CRectgraph : public CPlaygraph        基本形状为矩形
{
public:
    CRectgraph(const double len, const double w);
    //计算图形向外扩展 ext 后的面积
    double full_area(const double ext) const;
    double inner_area() const;               //计算中间矩形的面积
private:
    double length;
    double width;
};

class CCirclegraph : public CPlaygraph       基本形状为圆形
{
public:
    CCirclegraph(double r);
    //计算图形向外扩展 ext 后的面积
    double full_area(const double ext) const;
    double inner_area() const;               //计算中间圆形的面积
private:
    double radius;
};

#endif
```

上述三个类的函数实现在文件 graph.cpp 中。

```
//file: graph.cpp
#include"graph.h"

//CRectgraph 类的实现 -----------------------------
CRectgraph::CRectgraph(const double len, const double w)
    : length(len), width(w)
{ }

double CRectgraph::full_area(double ext) const
{
    return length * (width + 2 * ext) + PI * (width / 2 + ext) * (width / 2 + ext);
}

double CRectgraph::inner_area() const
{
    return length * width;
```

```
}

//CCirclegraph 类的实现 ----------------------------
CCirclegraph::CCirclegraph(double r) : radius(r)
{ }

double CCirclegraph::full_area(double ext) const
{
    return PI * (radius + ext) * (radius + ext);
}

double CCirclegraph::inner_area() const
{
    return PI * radius * radius;
}
```

类 CPlayground 声明在文件 playground.h 中。

```
//file: playground.h
#ifndef __PLAYGROUND_H__
#define __PLAYGROUND_H__
# include "graph.h"

class CPlayground
{
public:
    CPlayground(double lane_width = 3, double cost1 = 100.0, double cost2 = 80.0)
        : g(NULL), lane(lane_width), COST1(cost1), COST2(cost2) { }
    virtual ~CPlayground();              //为方便可能的派生,定义为虚函数

    //更改运动场的基本图形,返回之前的基本图形。p 所指向的是使用
    //new 在堆上构造的一个 CPlaygraph 类族的对象; 函数调用后,p 所
    //指向的对象由 CPlayground 对象管理
    CPlaygraph * attach_graph(const CPlaygraph * p);

    //如果 g 是空指针则返回-1.0,否则返回造价
    double compute_cost() const;
private:
    CPlayground(const CPlayground & pool);
    CPlayground & operator = (const CPlayground & pool);

    CPlaygraph * g;
    double lane;
    const double COST1;                  //运动场内部区域的建造单价
    const double COST2;                  //运动场外部区域的建造单价
};

# endif
```

声明为私有函数，防止对象调用它们

类 CPlayground 实现在文件 playground.cpp 中。

```
//file: playground.cpp
# include "Playground.h"

CPlayground::~CPlayground()
```

```
{
    delete g;                //因为是组合关系,因此析构函数中负责指针 g 所指对象的析构
}

CPlaygraph * CPlayground::attach_graph(const CPlaygraph * p)
{
    CPlaygraph * old = g;
    g = (CPlaygraph * )p;
    return old;
}

double CPlayground::compute_cost() const
{
    if (NULL != g)
    {
        double cost = 0.0;
        cost += g->inner_area() * COST1;
        cost += (g->full_area(lane) - g->inner_area()) * COST2;
        return cost;
    }
    else
        return -1;
}
```

> 因使用了多态,故本函数的实现与指针g所指对象无关

最后,main()函数在 main.cpp 文件中实现。

```
//file: main.cpp
# include <conio.h>
# include "playground.h"

int main()
{
    double len, w;
    CPlaygraph * p = NULL, * old;
    CPlayground ground;                          //使用默认的形参值构造对象
    while (true)
    {
        bool correct = false;
        while (!correct)
        {
            cout << "请输入运动场的类型:1 足球场;2 滑冰场" << endl;
            int choice = 0;
            cin >> choice;
            switch (choice)
            {
            case 1:
                cout << "请输入足球场的长和宽: ";
                cin >> len >> w;
                p = new CRectgraph(len, w);      //构造一个 CRectgraph 对象
                old = ground.attach_graph(p);    //关联指针 p 所指对象
                delete old;                      //回收之前所用对象占用的空间
                correct = true;
                break;
            case 2:
```

```
            cout << "请输入滑冰场的半径: ";
            cin >> len;
            p = new CCirclegraph(len);            //构造一个 CCirclegraph 对象
            old = ground.attach_graph(p);         //关联指针 p 所指对象
            delete old;                           //回收之前所用对象占用的空间
            correct = true;
            break;
        default:
            cout << "非法的选择,请重新选择..." << endl;
            cin.clear();                          //重置输入流状态
            cin.ignore();                         //从输入流缓冲区中抛掉一个字符
        }
    }
    cout << "造价是: " << ground.compute_cost() << endl;
    cout << "按 e 退出,按其他键继续..." << endl;
    if (_getch() == 'e')
        break;
    }
    return 0;
}
```

从该例可以看出,如果只是运动场的基本形状发生了变化,则只需要从 CPlaygraph 派生出一个新的形状类并实现其计算面积的函数 full_area() 和 inner_area() 即可。由此可见,使用多态可使整个程序获得很强的可扩展性。

【例 7.6】 学生列表问题。在例 3.10 中讨论了学生与社团的问题,其中使用了学生列表类 CStudentList 来管理数量不定的学生,并且被管理的学生均为 CStudent 类型。在本例中,进一步讨论学生列表类,允许在其中管理多类学生,并为其提供二进制模式的文件读写功能。

将例 3.10 中的 CStudent 类作为学生类的基类,从该类可以派生出本科生类和研究生类。为简化问题,这里假设本科生类与 CStudent 类的功能完全相同,因此也就不再派生一个新的类了;对于研究生类 CGraduate,其与基类相比仅多一个表示导师姓名的数据成员。在例 3.10 中,类 CStudent 在文件 student.h 中声明,在文件 student.cpp 中实现;为方便描述,CGraduate 也在文件 student.h 中声明,在文件 student.cpp 中实现。另外,由于要为 CStudent 类提供文件读写功能且在该类中使用了 MyString 类,因此同时需要为 MyString 类提供文件读写的功能。

为给 MyString 类提供文件读写功能,这里为其提供写文件函数 write_binary() 和读文件函数 read_binary();另外,为其重载插入符实现字符串内容的输出。因此,在文件 MyString.h 中引入头文件< fstream >,然后修改 MyString 类的声明如下:

```
class MyString
{
public:
    ...
    friend ostream & operator << (ostream & o, const MyString & s);
    void write_binary(ostream & o) const          //二进制模式输出函数
    {
        int len = strlen(m_pbuf);                  //取得字符串长度
        o.write((char * )&len, sizeof(int));       //写入字符串长度
        o.write(m_pbuf, len);                      //写入字符串内容(不含零字符)
    }

    MyString & read_binary(istream & in)           //二进制模式读取函数
```

```
    {
        delete[] m_pbuf;                              //首先回收之前的内存
        int len;
        in.read((char *)&len, sizeof(int));           //读取将要读取的字符串的长度
        m_pbuf = new char[len + 1];                    //准备空间(含零字符所需空间)
        in.read(m_pbuf, len);                          //读取字符串内容
        m_pbuf[len] = '\0';                            //在结尾加上零字符
        return * this;
    }
    ...
};
```

另外，在 MyString 类的实现文件 MyString.cpp 中给出插入符的实现：

```
ostream & operator << (ostream & o, const MyString & s)
{
    o << s.m_pbuf;
    return o;
}
```

下面在 student.h 文件中给出 CStudent 类的声明，其中用虚函数的形式实现析构函数以解决继承中可能带来的内存泄漏问题，并用虚函数的形式提供写文件的 write_binary() 函数、读文件的 read_binary() 函数和显示内容的 display() 函数。

```
class CStudent
{
public:
    ...
    virtual ~CStudent() { }                          //为方便可能的派生，定义虚析构函数

    //以二进制模式写文件
    virtual void write_binary(ostream & out) const
    {
        out.write((char *)&number, sizeof(int));       //写入学号
        name.write_binary(out);                        //写入姓名
        major.write_binary(out);                       //写入专业
        out.write((char *)&score, sizeof(double));     //写入成绩
    }

    //以二进制模式读文件
    virtual CStudent * read_binary(istream & in)
    {
        in.read((char *)&number, sizeof(int));         //读取学号
        name.read_binary(in);                          //读取姓名
        major.read_binary(in);                         //读取专业
        in.read((char *)&score, sizeof(double));       //读取成绩
        return this;
    }

    virtual void display(ostream & o) const {
        o << number << "\t" << name << "\t" << major << "\t" << score;
    }
    ...
};
```

对于研究生类 CGraduate，为方便叙述，其全部内容均在 student.h 文件中。

```
class CGraduate : public CStudent
{
public:
    CGraduate() { }
    CGraduate(const int number, const MyString & name,
        const MyString & major, const double score,
        const MyString & supervisor)
        : CStudent(number, name, major, score), supervisor(supervisor)
    { }
    virtual ~CGraduate() { }

    MyString & get_supervisor() { return supervisor; }

    const MyString get_supervisor() const { return supervisor; }

    MyString & set_supervisor(const MyString & s)
    {
        supervisor = s;
        return supervisor;
    }

    virtual void write_binary(ostream & out) const
    {
        this -> CStudent::write_binary(out);        //基类的数据由基类函数完成写入
        supervisor.write_binary(out);               //自己新加数据由自己完成写入
    }
    virtual CStudent * read_binary(istream & in)
    {
        this -> CStudent::read_binary(in);          //基类数据由基类函数完成读取
        supervisor.read_binary(in);                 //自己新加数据由自己读取
        return this;
    }

    virtual void display(ostream & o) const {
        CStudent::display(o);                       //基类数据由基类函数完成显示
        o << "\t" << supervisor;
    }
private:
    MyString supervisor;                            //新加的导师信息
};
```

在文件 studentlist.h 中给出学生列表类的声明和实现。例 3.10 中，在 CNode 类中声明学生列表类 CStudentList 是其友元类，从而允许在 CStudentList 类中访问 CNode 类中的私有成员。然而，由于友元关系不能被继承，因此 CStudentList 类的派生类不能自动成为 CNode 的友元类。为使用上的方便，需要为 CNode 类提供一些公有函数用来访问其私有成员。另外，为了更好地发挥多态的作用，其 get_student() 函数的返回值应为基类 CStudent 的指针。类 CNode 的定义如下：

```
class CNode
{
    ...
public:
    ...
```

```
        CStudent * get_student() { return pstu; }
        int get_ref() const { return ref; }
        void set_next(CNode * p) { next = p; }
        CNode * get_next() { return next; }
        ...
};
```

对于类 CStudentList,需要对其做的修改有:

(1) 将析构函数声明为虚函数。

(2) 由于使用了多态,且在该类中无法确定其管理的学生都有哪些类别,因此难以使用合适的格式显示出其管理的学生信息,因此删去之前的 show()函数。

(3) 在读取数据恢复对象时需要先清空其管理的学生信息,因此增加 clear()函数。

(4) 为方便在派生类中访问 CStudentList 的数据成员,将它们的访问控制由 private 改为 protected。

修改后的 CStudentList 类如下:

```
class CStudentList
{
public:
    ...
    virtual ~CStudentList()
    {
        ...
    }

    //清空当前对象中的数据,若成功则返回 true,否则返回 false
    //如果有结点的引用计数不为 0 则清空失败
    bool clear()
    {
        bool flag = true;
        CNode * tmp = head.next;
        while (NULL != tmp)                //依次删除链表中的接点
        {
            if (0 == tmp->ref)
            {
                head.next = tmp->next;
                delete tmp;
                tmp = head.next;
                -- count;
            }
            else
            {
                flag = false;
                break;
            }
        }
        return flag;
    }
private:
    //因使用多态,无法实现复制构造函数和赋值运算符,故将它们设为私有的
    CStudentList(const CStudentList & stuMng);
    CStudentList & operator = (const CStudentList & stuMng);
protected:
```

```
        CNode head;
        int count;
};
```

在类 CStudentList 中，复制构造函数和赋值运算符被设为私有函数，其原因是无法确定被管理的学生类都有哪些，因此无法实现它们。对于本例，学生类型只有表示本科生的 CStudent 类和表示研究生的 CGraduate 类两种类型。为了实现学生列表类的文件读写和数据显示，可以从 CStudentList 类派生一个 CStudentListEx 类来完成这个任务。在写文件时要注意，因为结点的引用计数的取值是在运行期间确定的，所以写文件时不需要写入。派生出的 CStudentListEx 类如下：

```
class CStudentListEx : public CStudentList
{
public:
    void show()
    {
        cout << "学号\t姓名\t专业\t\t成绩\t导师\t引用计数" << endl;
        CNode * tmp = head.get_next();
        while (NULL != tmp)                    ┌─ head在基类中是受保护的，在派生类内部可被访问
        {
            tmp -> get_student() -> display(cout);
            cout << "\t";
            if (NULL == dynamic_cast < CGraduate * >(tmp -> get_student()))
                cout << "\t";                  //对齐输出的数据
                                               ┌─ 因为友元关系不能被继承，
            cout << tmp -> get_ref() << endl;  │  所以这里需要通过公有函
            tmp = tmp -> get_next();           │  数get_ref( )来获取所需的值
        }
    }

    void write_binary(ostream & out)
    {
        //取得每一个学生并逐个写入文件：本科生标记为1，研究生标记为2
        int flag = 1;
        CStudent * p = NULL;
        CNode * tmp = head.get_next();
        while (NULL != tmp)
        {
            flag = 1;
            p = tmp -> get_student();
            if (dynamic_cast < CGraduate * >(p))   ┌─ 判断是否可转为研究生类的指针
                flag = 2;
            out.write((char * )&flag, sizeof(int));
            p -> write_binary(out);            ┌─ 只需写学生信息，不需要写引
            tmp = tmp -> get_next();           │  用计数；因为使用了多态，所
        }                                      │  以此句可实现不同类型的写入
        flag = -1;
        out.write((char * )&flag, sizeof(int));  // -1 作为结束标记
    }

    bool read_binary(istream & in)
    {
        if(!this -> clear())
```

142

```
            return false;

        int flag;
        CStudent * p = NULL;
        in.read((char *)&flag, sizeof(int));
        while (-1 != flag)                    //判断是否结束
        {
            if (1 == flag)                    //是本科生
                p = new CStudent;
            else                              //是研究生
                p = new CGraduate;
            p->read_binary(in);               //因为使用了多态,所以此句可实现不同类型的读取
            this->add(p);
            in.read((char *)&flag, sizeof(int));
        }
        return true;
    }
};
```

下面给出 main()函数的实现,用来简单测试文件的读写功能(略去需要引入的头文件)。

```
int main()
{
    CStudentListEx stuList;
    CStudent * pstu1, * pstu2;
    pstu1 = new CStudent(1, MyString("Zhang"), MyString("computer"), 100);
    pstu2 = new CGraduate(2, MyString("Wang"), MyString("computer"), 90, MyString("Zhao"));
    stuList.add(pstu1);
    stuList.add(pstu2);

    cout << "列出所有学生" << endl;
    stuList.show();                           //此时列出两名学生

    ofstream out("test.dat", ios_base::binary);
    stuList.write_binary(out);
    out.close();

    stuList.clear();
    cout << "列出所有学生" << endl;
    stuList.show();                           //此时没有学生

    ifstream in("test.dat", ios_base::binary);
    stuList.read_binary(in);
    in.close();

    cout << "列出所有学生" << endl;
    stuList.show();                           //此时列出两名学生

    return 0;
}
```

其输出如下:

| 列出所有学生 | | | | | |
学号	姓名	专业	成绩	导师	引用计数
2	Wang	computer	90	Zhao	0
1	Zhang	computer	100		0

| 列出所有学生 | | | | | |
| 学号 | 姓名 | 专业 | 成绩 | 导师 | 引用计数 |

列出所有学生					
学号	姓名	专业	成绩	导师	引用计数
1	Zhang	computer	100		0
2	Wang	computer	90	Zhao	0

本例没有社团数据的读写。在写社团数据时,不需要写入社团中的学生的全部信息,而只需要写入能够唯一标识学生的信息即可,例如学号。在恢复社团数据时,需要先恢复学生列表,然后读取社团中学生的学号,接着根据学号在学生列表中找到学生所在的结点,最后将找到的结点加入到社团中。读者可自行完成这个过程,巩固对多态的理解和对文件的使用。

7.7 小　　结

在 C++语言中,面向对象程序设计的多态性是通过虚函数来实现的。要实现多态,就要使用继承,其中在基类中通过虚函数设计一个类族的公共接口,在派生类中根据需要为这些虚函数提供不同的实现。通过基类指针调用这些虚函数时,会执行该指针所指对象在类层次中最后实现的那个函数版本。调用虚函数时可以通过动态绑定表现出多态,但并不是所有调用都是动态绑定的,例如使用对象调用虚函数时就不会使用动态绑定,在构造函数和析构函数中调用虚函数也不会使用动态绑定。

在使用了多态的类族中,有时需要确定一个对象到底位于哪个层次,此时需要使用动态类型转换。派生类对象总可以向上转换为基类对象,但基类对象不能转换为派生类对象。为了实现基类指针向派生类指针的安全转换,需要使用 dynamic_cast 的转换方式。

某些情况下,基类中有些虚函数是无法给出具体实现的,此时可将该虚函数声明为纯虚函数,从而该类就变成了抽象类,不能构造该抽象类的对象。在抽象类的派生类中可以给出这些纯虚函数的实现;如果所有的纯虚函数都有了实现,那么该派生类就不再是抽象类了。

最后通过两个例子说明使用多态如何设计易扩充和易维护的程序。

7.8 习　　题

1. 虚函数能够声明为 private 吗? 如果能,这样的声明有意义吗?
2. 虚函数可以声明为静态函数吗? 可以声明为常成员函数吗? 可以声明为内联函数吗?
3. 在基类和派生类的析构函数中调用虚函数,会调用哪个版本? 编程验证,并分析原因。
4. 解释什么是抽象类。抽象类的成员函数都是纯虚的吗? 抽象类中可以有数据成员吗?
5. 什么时候可以使用 dynamic_cast 执行动态类型转换? 举例说明。
6. 写出下面程序的输出。

```cpp
#include <iostream>
using namespace std;
class A {
protected:
    virtual void test2() { cout << "A::test2()" << endl; }
public:
    virtual void test() { cout << "A::test()" << endl; }
    void func() { test2(); cout << "A::func()" << endl; }
```

```
};

class B : public A {
protected:
    virtual void test2() { cout << "B::test2()" << endl; }
public:
    void test() { cout << "B::test()" << endl; }
    void func() { test2(); cout << "B::func()" << endl; }
};

int main()
{
    B b;
    A * p = &b;
    p->test();
    p->func();
    b.test();
    b.func();
    return 0;
}
```

7. 下面程序是否有错误? 如果有,则改正;如果没有,则写出其输出。

```
# include < iostream >
using namespace std;
class A {
public:
    virtual void test() { cout << "A::test()" << endl; }
};

class B : public A {
public:
    virtual void test( int i) { cout << "B::test()" << endl; }
};

int main()
{
    B b;
    A * p = &b;
    p->test();
    p->test(1);
    b.test();
    b.test(1);
}
```

8. 写出下面程序的输出。

```
# include < iostream >
using namespace std;
class A {
public:
    virtual void test(int i = 0) { cout << i << endl; }
};

class B : public A {
```

```
public:
    void test( int i = 10 ) { cout << i << endl; }
};

int main()
{
    B b;
    A * p = &b;
    p->test();
    p->test(5);
    b.test();
    b.test(5);
    return 0;
}
```

9. 下面的程序有什么错误?

```
class A {
public:
    virtual A() { }
    virtual ~A() { }
    virtual void test() { }
};
```

10. 设计一个形状的抽象类 CShape,它有一个纯虚函数 area()用来计算该形状的面积。从 CShape 类派生出矩形类 CRectangle、三角形类 CTriangle 和圆类 CCircle。然后设计一个柱状体类 CColumn,该类有一个 CShape 类的指针指向一个形状的对象(可以是上述三种形状的任一个),还有一个表示高度的整型值。为 CColumn 类设计计算体积的函数,体会多态带来的方便。

视频讲解

11. 在例 3.10 和例 7.6 的基础上,完成学生列表类和学生社团类的文件读写功能并测试。

第
7
章

虚函数和多态

第8章　模板与 STL

继承和组合是实现代码重用的重要方法,而模板则是实现代码重用的另一种重要的方法。使用模板可以实现数据类型的参数化,可使程序适用于多种类型。本章先简单介绍函数模板的使用,然后介绍类模板的使用。

STL(Standard Template Library)是 C++语言中的标准模板库,它包含许多通用的、使用方便的容器、迭代器、泛型算法、函数对象和其他组件。本章简单介绍容器 vector、list 及函数对象和泛型算法的使用。

视频讲解

8.1　函 数 模 板

第 3 章已经介绍过,重载函数是用参数的类型、个数及顺序来区分的。如果要调用一个函数,则需要有参数的类型、个数及顺序均符合的函数实现。例如,假设函数 SWAP()的功能是交换两个实参的值,则需要为不同的类型设计不同的函数重载版本,例如,对于 int、char * 和 MyString 类型,需要分别设计如下三个重载版本。

```cpp
void SWAP(int &a, int &b)
{
    int c = a;
    a = b;
    b = c;
}

void SWAP(char * & a, char * & b)
{
    char * c = a;
    a = b;
    b = c;
}

void SWAP(MyString & a, MyString & b)
{
    MyString c(a);
    a = b;
    b = c;
}
```

如果要处理更多的类型,则需要更多 SWAP()函数的重载版本。显然,这样的编程模式是很烦琐的,类似的重载函数也是写不完的。实际上,通过简单的观察,就会发现这些函数的实现除数据类型有所不同外,其他的完全相同。如果能够将数据类型参数化,则仅写一个函数实现就能处理所有的数据类型了。为解决此问题,就需要使用 C++语言提供的模板机制了。

定义函数模板的语法格式如下：

```
template < class T1, class T2, ...> 返回值类型 函数名(参数表)
{
    函数体;
}
```

其中，template 是关键字，必须以它开始；然后使用一对尖括号给出类型参数表，其中每一个参数前都有 class 关键字(或 typename 关键字)，代表一种数据类型；类型参数表中的类型可以作为函数返回值类型、函数参数表中的参数类型和在函数体中声明的局部变量的类型。总之，类型参数表中的参数就代表了一种类型，可以用在函数模板中的任何地方。对于上面的SWAP()函数，可以定义如下函数模板。

```
template < class T > void SWAP(T & a, T & b)
{
    T c(a);
    a = b;
    b = c;
}
```

当使用函数模板时，需要为类型参数提供具体的类型，例如要交换两个整型数据，则可以使用如下程序。

```
int i = 5, j = 10;
SWAP < int >(i, j);                    //或 SWAP(i, j);
```

类似地，如果要交换两个 MyString 类型的对象，则程序如下：

```
MyString str1("I love C++!"), str2("I can score 5.");
SWAP < MyString >(str1, str2);         //或 SWAP(str1, str2);
```

对于函数模板，编译器会根据调用的情况生成一个合适的函数——称为模板函数。例如对于调用"SWAP < int >(i, j);"，编译器生成的模板函数如下：

```
void SWAP(int & a, int & b)
{
    int c(a);
    a = b;
    b = c;
}
```

对于调用"SWAP < MyString >(str1，str2);"，编译器生成的模板函数如下：

```
void SWAP(MyString & a, MyString & b)
{
    MyString c(a);
    a = b;
    b = c;
}
```

调用模板函数时，不会对参数进行隐式的类型转换，因此实参类型需要与规定的类型一致。例如，对于上面的函数模板 SWAP()，下面的调用是非法的，因为第二个参数不会自动转换为 int 类型。

```
int i = 5;
char a = 'x';
SWAP < int >(i, a);
```

另外,使用模板函数时也要注意函数中的运算要有意义。例如有如下函数模板:

```
template < class T > T increase(T & a)
{
    return a++;
}
```

则如下使用方法会产生编译错误,因为后置++运算符在 MyString 类中无定义:

```
MyString str1;
increase < MyString >(str1);
```

注意,一般情况下,应将函数模板的定义和实现放在同一个头文件中以方便使用。

8.2 类 模 板

使用类模板可以为类声明一种模式,参数化类中使用的某些数据类型。类模板声明的语法格式如下:

```
template < class T1, class T2, ...> class 类名
{
    类成员的声明;
};
```

类模板中成员的声明方法与普通类的成员的声明方法基本一致,不同之处在于类模板的成员往往要用到类模板的模板参数。

对于类模板的成员函数的实现,如果在类声明中实现,则其代码编写与通常的函数实现基本一致,只是在实现中也常会用到模板参数;如果在类的声明外实现,则需要采用下面的格式。

```
template < class T1, class T2, ...>
返回值类型 类名< T1, T2, ...>::函数名(参数表)
{
    函数的实现;
}
```

与函数模板类似,类模板自身并不产生代码,而只是说明一些类的一般结构。当引用类模板时,编译器才根据引用的情况确定模板参数的类型,然后产生所需的模板类。使用类模板建立对象的格式如下:

```
类模板名<模板参数值列表> 对象名;
```

下面以栈类模板为例来说明类模板的使用。栈是一种特殊的数据结构,其中的数据遵循先进后出的规则。对栈中的数据的访问是受限制的:如果要把一个数据加入到栈中,则只能加入到栈顶(这个动作称为入栈);如果要删除栈中的一个数据,则需要保证该数据已经在栈

顶(这个动作称为出栈)。

　　要完整地保存栈的信息,至少需要两项数据:一个用于保存栈中的数据;另一个指示栈顶的位置。栈中数据的存储方式可以使用数组,也可以使用链表,这里使用链表。栈类模板STACK 如例 8.1 所示。

　　【例 8.1】　栈类模板 STACK。

```
1.    //file: stack.h
2.    #ifndef __STACK_H__
3.    #define __STACK_H__
4.    #include <iostream>

5.    template <class T> class STACK
6.    {
7.    public:
8.        STACK() : head(NULL) {   }
9.        virtual ~STACK();
10.       void push(T * data){ head = new link(data, head); }
11.       T * pop();
12.       T * peek() const { return head -> data; }
13.    private:
14.       struct link
15.       {
16.           link * next;
17.           T * data;

18.           link(T * data, link * next)
19.           {
20.               this -> data = data;          形参data指向堆上的内存,给this->data
21.               this -> next = next;          赋值后,其所指内存由STACK对象管理
22.           }
23.       } * head;
24.    };

25.    template <class T> T * STACK<T>::pop()
26.    {
27.       if(NULL == head)
28.           return NULL;
29.       else
30.       {
31.           T * result = head -> data;
32.           link * oldhead = head;
33.           head = head -> next;
34.           delete oldhead;
35.           return result;
36.       }
37.    }

38.    template <class T> STACK<T>::~STACK()
39.    {
40.       link * cur = head;
41.       while(NULL != head)
42.       {
43.           cur = cur -> next;
44.           delete head -> data;          堆中的数据由栈类在析构时删除
45.           delete head;
```

```
46.          head = cur;
47.       }
48.    }

49.    # endif

50.    //file: main.cpp
51.    //演示类模板 STACK 的使用
52.    # include"stack.h"
53.    # include < iostream >
54.    using namespace std;

55.    int main()
56.    {
57.       STACK < int > s;
58.       int i, * p;
59.       for(i = 0; i < 10; i++)
60.       {
61.          p = new int(i);
62.          s.push(p);
63.       }
64.       for(i = 0; i < 10; i++)
65.       {
66.          p = s.pop();
67.          cout << * p << ' ';
68.          delete p;
69.       }
70.       cout << endl;

71.       return 0;
72.    }
```

由于类模板中要求参数为指针,因此要在堆中分配内存;将数据加入栈之后,栈就负责管理这个数据了,所以在此不需要使用delete语句删除该空间

数据出栈后,栈类就不负责管理它了,所以使用完数据后需要删除该数据

其输出如下:

```
9 8 7 6 5 4 3 2 1 0
```

例 8.1 给出了一个简单的栈类模板,在这个类模板中使用链表管理数据。在简单的测试程序中,使用 int 类型来实例化栈类模板中的类型参数,这样编译器会自动生成一个合适的模板类来管理 int 类型的数据。

在 8.3 节简单介绍的 STL 中有"迭代器"的概念。迭代器是面向对象的指针,它提供了访问容器(STACK 类模板就是一个容器类模板,它可容纳一组元素)中每个元素的方法。STACK 类模板的迭代器如例 8.2 所示。该迭代器要声明为 STACK 类模板的友元类,同时在 STACK 类模板之前做前向类型声明。

【例 8.2】 STACK 类模板的迭代器。

```
       //file: STACK. h
       # ifndef __STACK_H__
       # define __STACK_H__
       # include < iostream >

1.     template < class T > class STACKIterator;        //前向声明迭代器类

       //STACK 类模板的定义
```

```
2.      template < class T > class STACK
3.      {
4.          friend class STACKIterator < T >;
5.      public:
6.          STACK() : head(NULL) {   }
7.          virtual ~STACK()
8.          {
9.              link * cur = head;
10.             while (NULL != head)
11.             {
12.                 cur = cur -> next;
13.                 delete head -> data;
14.                 delete head;
15.                 head = cur;
16.             }
17.         }

18.         void push(T * data) { head = new link(data, head); }

19.         T * pop()
20.         {
21.             if (NULL == head)
22.                 return NULL;
23.             else
24.             {
25.                 T * result = head -> data;
26.                 link * oldhead = head;
27.                 head = head -> next;
28.                 delete oldhead;
29.                 return result;
30.             }
31.         }

32.         T * peek() const { return head -> data; }
33.     private:
34.         struct link
35.         {
36.             link * next;
37.             T * data;

38.             link(T * data, link * next)
39.             {
40.                 this -> data = data;
41.                 this -> next = next;
42.             }
43.         } * head;
44.     };

45.     template < class T > class STACKIterator
46.     {
47.     public:
48.         STACKIterator(const STACK < T > & t) : p(t.head) {   }
49.         STACKIterator(const STACKIterator & t) : p(t.p) {   }
50.         STACKIterator & operator++()          //前置++,返回引用
51.         {
```

将迭代器类声明为 STACK的友元类

152

```cpp
52.            if(NULL != p->next)
53.                p = p->next;
54.            else
55.                p = NULL;

56.            return *this;
57.        }

58.        const STACKIterator operator++(int)        //后置++,返回常对象而非引用
59.        {
60.            STACKIterator old(*this);
61.            if(NULL != p->next)
62.                p = p->next;
63.            else
64.                p = NULL;

65.            return old;
66.        }

67.        T * current() const
68.        {
69.            if(NULL == p)
70.                return NULL;
71.            return p->data;
72.        }

73.        operator bool() const                       //自动类型转换
74.        {  return NULL == p ? false : true; }

75.    private:
76.        typename STACK<T>::link * p;
77.    };
78.    #endif

79.    //file: main.cpp
80.    #include"stack.h"
81.    #include<iostream>
82.    using namespace std;

83.    int main()
84.    {
85.        STACK<int> s;
86.        for(int i = 0; i < 10; i++)
87.        {
88.            int * p = new int(i);
89.            s.push(p);
90.        }

91.        STACKIterator<int> iter(s);
92.        while(iter)
93.        {
94.            cout << *iter.current() << ' ';
95.            iter++;
96.        }
97.        cout << endl;

98.        return 0;
99.    }
```

其输出如下：

```
9 8 7 6 5 4 3 2 1 0
```

类模板之间也可以有继承，例如，从例 8.2 中的 STACK 派生出一个有名字的栈 CNamedStack 类模板，其实现如下：

```
//从 STACK 派生出有名字的栈的类模板
template < class T > class CNamedStack : public STACK < T >
{
public:
    CNamedStack(const MyString & s) : name(s) { }
    MyString & set_name(const MyString & s) { name = s; return name; }
    const MyString & get_name() const { return name; }
private:
    MyString name;
};
```

也可以从类模板派生出一个普通的类，此时只需要在派生时给定模板参数。例如，从类模板 STACK 派生出一个整数栈类 CIntStack 可实现如下：

```
class CIntStack : public STACK < int >
{ };
```

8.3 STL 简介

视频讲解

STL 是 C++语言标准模板库，是泛型程序设计（Generic Programming, GP）的典范。组合和继承是实现代码重用的方法，泛型程序设计也是一种重要的代码重用方法。然而，两者的目标不尽相同。在面向对象程序设计中，重点考虑的是封装，并通过继承和虚函数实现多态；在泛型程序设计中，关注的是标准的数据结构和标准的算法，目标是将程序写得尽可能通用，可以适合多种数据类型的操作，同时并不损失效率。泛型程序设计在国际上的兴起是在 20 世纪 90 年代中后期，其主要推动来自 C++语言的 STL，其实现基础是 C++语言中的模板。

STL 以极高的抽象、通用性和出色的运行效率，实现了 C++语言程序设计中普遍涉及的一大批数据结构和算法，成为 C++语言标准语言库的一个主要组成部分。STL 中有三个主要组成部分：容器（container）、迭代器（iterator）和泛型算法（generic algorithm）。

（1）容器。容器是用来容纳一个有相同类型的数据集合的类模板，该数据集合的数据可以是任何类型。STL 中的部分容器类和其所在的头文件如表 8.1 所示，其中 stack、queue 和 priority_queue 是容器适配器（container adaptor），不是完全的容器，它通过其封装的特定基本容器或经特殊设计的容器提供一组访问元素的方法，不直接提供存放数据的实际数据结构的实现方法，也不支持迭代器。

表 8.1 STL 中的部分容器类和其所在的头文件

容 器 类	头文件	功 能 简 介
vector	< vector >	向量，容纳不定长数组，提供随机存取能力和在尾部快速添加、删除元素的能力
deque	< deque >	双端队列，提供随机存取能力，及在头部和尾部快速添加、删除元素的能力
list	< list >	列表，实现为双向链表，可在任何位置快速添加、删除元素
set	< set >	集合，实现直接查找的能力，元素无重复且不可更改

153

第 8 章

模板与 STL

容 器 类	头文件	功 能 简 介
multiset	< set >	多重集合，与 set 相比，允许存在重复元素
map	< map >	映射，存储由键值对构成的元素，键不允许有重复，提供通过键快速查找的能力
multimap	< map >	多重映射，与 map 相比，允许键有重复
stack	< stack >	栈，实现先进后出的数据结构
queue	< queue >	队列，实现先进先出的数据结构
priority_queue	< queue >	优先队列，实现按优先顺序出队的数据结构

（2）迭代器。迭代器是一种面向对象的指针，提供访问容器中元素的方法。STL 中的基本容器都支持迭代器。通过容器对象调用 begin()函数可获得指向容器中第一个元素的迭代器，调用 end()函数可获得指向容器结束位置（即最后一个元素之后的位置）的迭代器；也可通过容器对象调用 rbegin()函数获得指向容器中最后一个元素的迭代器，调用 rend()函数获得指向容器第一个元素之前的位置的迭代器。迭代器支持++、--等运算符来顺序访问下一个或前一个元素。泛型算法通过迭代器来访问容器中的元素，因此迭代器是泛型算法与容器间的桥梁，使容器和泛型算法可以各自独立发展，互不影响。

（3）泛型算法。对于容器中的元素，经常有如下的需求：替换某个元素、删除某个元素、使用某些元素填充容器、对容器中的元素排序等。这些操作对所有容器是通用的。STL 提供了这类算法的实现，它们通过迭代器操作容器中的元素，而无须知道这些元素是什么或存储在哪里，因此适用于几乎所有容器。随着 C++语言标准的更新，在 2011 标准的 C++语言中，STL 已经有 80 多个算法，例如排序算法 sort、对指定区间内的元素执行某种操作的 for_each 算法等。在泛型算法中常用到函数对象（function object），它是行为类似函数的对象，实现为重载了函数调用运算符的类的对象。STL 提供了许多函数对象，例如用于比较的 less、less_equal、greater、greater_equal、equal_to、not_equal_to 等。STL 泛型算法定义在头文件< algorithm >中。

C++语言提供的 STL 是 C++语言标准程序库的核心，它采用泛型程序设计思想，深刻影响了标准程序库的整体结构和组成。这里通过几个例子介绍 vector、list、函数对象和泛型算法的使用方法，不介绍更多内容。

容器类模板 vector 属于顺序容器，用于容纳数量不定的元素，提供对元素的快速随机访问。像所有标准类库的容器一样，它具有自动存储管理的功能。在一个 vector 对象因生命期结束而运行析构函数时将调用其中元素的析构函数。在 vector 的使用上，其提供了许多公有函数，例如可以通过 begin()和 end()等函数获取其迭代器、通过下标运算符[]访问指定索引的元素、通过 push_back()函数在其尾部添加数据、通过 insert()函数在指定索引处添加数据、通过 erase()函数删除指定的元素等。为方便解释下面的例子，先详细看一下 STL 的函数对象 less 和自定义函数对象的方法，然后介绍 STL 泛型算法 sort 和 for_each 的使用方法。

在 C++11 标准中，STL 的函数对象 less 定义如下：

```
template < class T > struct less {
    bool operator() (const T& x, const T& y) const {return x < y;}
    typedef T first_argument_type;
    typedef T second_argument_type;
    typedef bool result_type;
};
```

这是一个结构体模板，其中仅重载了函数调用运算符函数；而在该函数的实现中进行了严格的小于比较。STL 函数对象实现为结构体模板是因为函数对象中仅需要一个公有的函数调用运算符函数,而结构体中的成员默认是公有的。

可以自定义函数对象,例如可以自定义用来比较大小的函数类模板 CLarger 如下:

```
template < class T > class CLarger
{
public:
    bool operator()(const T & a, const T & b)
    {
        return a > b;
    }
};
```

STL 中的泛型算法 sort 有两个重载形式,其原型如下:

```
template < class RandomAccessIterator >
    void sort (RandomAccessIterator first, RandomAccessIterator last);
template < class RandomAccessIterator, class Compare >
    void sort (RandomAccessIterator first, RandomAccessIterator last, Compare comp);
```

在第一个重载形式中,两个参数都是能实现随机存取的迭代器,用来指明排序数据的区间;在排序时默认使用 STL 中的函数对象 less 实现从小到大的排序。第二个重载形式有三个参数,其中前两个参数与第一个重载形式中的相同,而第三个参数是一个二元函数——它可以是普通函数也可以是函数对象,用来指明排序的方法。

泛型算法 for_each 的原型如下:

```
template < class InputIterator, class Function >
    Function for_each (InputIterator first, InputIterator last, Function fn);
```

它的功能是将第三个参数给出的函数——可以是普通函数也可以是模板函数——依次应用到由参数 first 和 last 限定的区域中的元素上。其函数模板的实现如下:

```
template < class InputIterator, class Function >
Function for_each(InputIterator first, InputIterator last, Function fn)
{
    while (first!= last) {
        fn ( * first);
        ++first;
    }
    return fn;
}
```

下面通过例 8.3 给出容器 vector、函数对象和泛型算法 sort、for_each 的简单用法,其中 MyString 类的定义略去。

【例 8.3】 容器 vector、函数对象和泛型算法 sort、for_each 的简单用法。

```
1.     # include < vector >
2.     # include < iostream >
3.     # include < algorithm >
4.     # include "MyString. h"
```

```
5.    using namespace std;
6.    bool larger(int a, int b)          普通函数，使用大于比较；若使
7.    {                                   用>=，在sort算法中会有运行错误
8.        return a > b;
9.    }
10.   template < class T > class CLarger  函数类模板，用来定义函数对象，与
11.   {                                    larger相似，用大于比较，不能用>=
12.   public:
13.       bool operator()(const T & a, const T & b)
14.       {
15.           return a > b;
16.       }
17.   };

18.   void output_int(int i) { cout << i << " "; }   输出函数，用于泛
19.   template < class T > void output(const T & v)   型算法for_each
20.   { cout << v << " "; }

21.   int main()
22.   {
23.       vector < int > v;                    //定义一个向量对象 v
24.       v. push_back(1);
25.       v. push_back(0);
26.       v. push_back(2);
27.       v. push_back(3);
28.       v. insert(v. begin() + 2, 0);        //在索引为 2 处插入数据 0
29.       v. insert(v. begin(), 2);            //在索引为 0 处插入数据 2

30.       cout << "排序前: ";
31.       vector < int >::iterator iter;       使用for和迭代器遍历元素
32.       for(iter = v. begin(); iter < v. end(); iter++)
33.           cout << * iter << " ";
34.       cout << endl;

35.       sort(v. begin(), v. end(), larger);  //sort 算法中使用普通函数完成排序
36.       cout << "从大到小排序后: ";
37.       for_each(v. begin(), v. end(), output_int);   使用for_each算法
38.           cout << endl;                             和普通函数输出

39.       v. erase(v. end() - 1);             //删除最后一个元素
40.       sort(v. begin(), v. end(), std::less <>());  //sort 算法使用 less 完成排序
41.       cout << "从小到大排序后: ";
42.       for_each(v. begin(), v. end(), output < int >);   使用for_each算法
43.       cout << endl;                                     和模板函数输出

44.       sort(v. begin(), v. end(), CLarger < int >());   使用自定义函数对
45.       cout << "从大到小排序后: ";                        象完成排序
46.       for_each(v. begin(), v. end(), output < int >);
47.       cout << endl;

48.       vector < MyString > v2;            //也适用于其他类型,此处使用 MyString 类型
49.       v2. push_back(MyString("11"));
50.       v2. push_back(MyString("00"));
```

```
51.     v2.push_back(MyString("22"));
52.     v2.push_back(MyString("22"));
53.     v2.push_back(MyString("33"));

54.     cout << "排序前: ";
55.     for_each(v2.begin(), v2.end(), output<MyString>);
56.     cout << endl;

57.     sort(v2.begin(), v2.end(), CLarger<MyString>());
58.     cout << "从大到小排序后: ";
59.     for_each(v2.begin(), v2.end(), output<MyString>);
60.     cout << endl;

61.     return 0;
62.   }
```

其输出如下:

```
1.    排序前: 2 1 0 0 2 3
2.    从大到小排序后: 3 2 2 1 0 0
3.    从小到大排序后: 0 1 2 2 3
4.    从大到小排序后: 3 2 2 1 0
5.    排序前: 11 00 22 22 33
6.    从大到小排序后: 33 22 22 11 00
```

容器 list 实现为双向链表,可以从任意一端开始遍历,能够在常量时间内完成数据的插入和删除。与 vector 不同,list 是需要按顺序访问的容器,不支持随机访问,因此某些泛型算法——例如排序算法 sort——不能适用。容器 list 的简单用法如例 8.4 所示。

【例 8.4】 容器 list 的简单用法。

```
1.    #include<list>
2.    #include<iostream>
3.    #include<algorithm>
4.    #include"MyString.h"
5.    using namespace std;

6.    template<class T> void output(const T & v)
7.    {
8.      cout << v << " ";
9.    }

10.   int main()
11.   {
12.     list<int> v;
13.     v.push_back(1);
14.     v.push_back(0);
15.     v.push_back(2);
16.     v.push_back(3);
17.     list<int>::iterator it = v.begin();
18.     ++it;
19.     v.insert(it, 2);

20.     cout << "逆序前: ";
```

```
21.      for (it = v.begin(); it != v.end(); ++it)              //使用 for 和迭代器遍历元素
22.         cout << * it << " ";
23.      cout << endl;

24.      reverse(v.begin(), v.end());                           //逆序
25.      cout << "逆序后: ";
26.      for_each(v.begin(), v.end(), output < int >);          //使用 for_each 遍历元素
27.      cout << endl;

28.      list < MyString > v2;
29.      v2.push_back(MyString("11"));
30.      v2.push_back(MyString("00"));
31.      v2.push_back(MyString("22"));
32.      v2.push_back(MyString("22"));
33.      v2.push_back(MyString("33"));

34.      cout << "逆序前: ";
35.      for_each(v2.begin(), v2.end(), output < MyString >);
36.      cout << endl;

37.      reverse(v2.begin(), v2.end());                         //逆序
38.      cout << "逆序后: ";
39.      for_each(v2.begin(), v2.end(), output < MyString >);
40.      cout << endl;

41.      return 0;
42.  }
```

其输出如下:

```
1.    逆序前: 1 2 0 2 3
2.    逆序后: 3 2 0 2 1
3.    逆序前: 11 00 22 22 33
4.    逆序后: 33 22 22 00 11
```

8.4 小　　结

　　模板是 C++语言中实现代码重用的方法,它允许参数化其处理数据的类型,因此,使用模板方法编写的函数模板和类模板可以处理多种数据类型,只要这种数据类型支持函数模板和类模板定义的处理方法即可。模板为泛型程序设计提供了强有力的支持,而 C++语言的 STL 是泛型程序设计的典范。

　　由于本书的重点是介绍面向对象程序设计,而模板技术的重点在于泛型算法的设计而不是面向对象程序设计,且这里也仅关注 STL 的使用而不是其设计方法,因此本章仅简单介绍了模板的使用方法,及 STL 中的 vector 和 list 两种容器的使用方法及相关的部分内容。要更深入学习 STL 等内容,还需要参考更专业的资料。

8.5 习　　题

1. 类模板与模板类的区别是什么?
2. 改正下面程序的错误。

```
template < class T > class A
{public:
    A();
};
template < class T > A::A() { }
A < T > a;
```

3. 说明 STL 中容器、算法和迭代器的概念与关系。

4. 修改例 7.6,在学生列表类中使用 STL 中的 vector 存储学生信息,并且自定义函数对象,使用 STL 中的泛型算法 sort 完成按照学号从小到大排序。

第9章 异常处理

到目前为止,所有程序中没有做太多的错误处理,似乎编写的程序在运行时不会发生错误一样。然而,程序运行时产生错误的可能性是避免不了的,例如,使用 new 运算符申请内存时有可能因内存不足而造成申请失败。

在 C 语言中,处理错误的程序与其他的程序没有分开,造成代码的膨胀和程序阅读的困难。在 C++语言中,提供了更加完善的出错处理方法,即异常处理。这样,出错处理程序的编写不再那么烦琐,也不需要将出错处理程序与"通常的代码"紧密结合;同时,可以对错误层层布网,直到错误被捕获并被处理。

在 C++语言中,处理异常需要使用 try、throw 和 catch 关键字。本章介绍它们的用法。

9.1 异常处理的实现

视频讲解

在一个好的 C++语言程序中,不管是面向对象的程序设计方法还是面向过程的程序设计方法,程序的函数之间都有着明确的分工和调用关系。此时,如果发生错误的函数不具备处理错误的能力,则希望出现错误时能够引发一个异常,并希望函数的调用者能够捕获这个异常并处理它。如果调用者也不能处理该异常,则该异常就会继续传递到上级调用者,以此类推,直到该异常被处理或者最后传递到系统那里。当系统捕获到异常时,通常只是调用 terminate()函数简单地终止程序,其中 terminate()函数是一个函数指针,在 C 语言标准库中默认指向abort()函数。

C++语言中异常处理用了三个关键字:try、throw 和 catch。任何需要监测异常的语句都必须在 try 语句块中执行,而异常处理由紧跟在 try 后的 catch 语句来捕获并处理。一般地,语句格式如下:

```
try
{
    复合语句;
}
catch(类型 1 [变量名])
{
    复合语句;
}
…
catch(类型 n [变量名])
{
    复合语句;
}
```

另外,throw 语句用来抛出异常,其语法是"throw 表达式;"。throw 语句一般出现在 try

语句块中,或者出现在 try 语句块调用的函数中。下面以检查除数为零而发生异常为例,通过例 9.1 看一下使用 if 语句检查除数是否为零的方法,然后通过例 9.2 看一下使用异常处理检查除数是否为零的方法。

【例 9.1】 使用 if 语句检查除数是否为零的方法。

```
1.      # include < iostream >
2.      using namespace std;
3.      int main()
4.      {
5.          cout << "请输入两个数(被除数在前,除数在后): ";
6.          int dividend, divisor;
7.          cin >> dividend >> divisor;
8.          if(divisor == 0)
9.              cout << "除数不能为零" << endl;
10.         else
11.             cout << dividend << " / " << divisor << " = "
                    << dividend / divisor << endl;

12.         return 0;
13.     }
```

【例 9.2】 使用异常处理检查除数是否为零的方法。

```
1.      # include < iostream >
2.      using namespace std;
3.      int main()
4.      {
5.          cout << "请输入两个数(被除数在前,除数在后): ";
6.          int dividend, divisor;
7.          cin >> dividend >> divisor;
8.          try
9.          {
10.             if(divisor == 0)
11.                 throw dividend;
12.             cout << dividend << " / " << divisor << " = "
                    << dividend / divisor << endl;
13.         }
14.         catch(int e)
15.         {
16.             cout << "Exception: 整数 " << e << "不能被零除" << endl;
17.         }
18.         cout << "继续执行后续的程序..." << endl;
19.         return 0;
20.     }
```

根据输入数据的不同,例 9.2 的输出示例如下:

```
1.      请输入两个数(被除数在前,除数在后): 1 2
2.      1 / 2 = 0
3.      继续执行后续的程序...
4.
5.      请输入两个数(被除数在前,除数在后): 1 0
6.      Exception: 整数 1 不能被零除
7.      继续执行后续的程序...
```

在例 9.2 中,try 块中检查除数 divisor 是否为零,如果是则抛出一个异常,而该异常的类型是整型(因为被除数 dividend 是整型),其值为被除数的值。当异常被抛出后,程序会直接跳到 catch 语句并根据 catch 语句的参数类型检查是否要处理异常。在这个程序中,因为抛出的异常类型是整型,而 catch 语句的参数 e 也是整型,因此就会捕获这个异常。对于被抛出的 dividend,首先会将它复制到一个保存异常对象的特殊位置,然后用它在函数栈中初始化 catch 语句中的参数 e。异常被处理后,程序继续执行最后一个 catch 块后面的语句。由这个例子可以看出,在 try 块中重点关注功能的实现,而在 catch 块中处理可能的异常情况,从而使程序结构更清晰,也使程序更加健壮。

尽管例 9.2 中使用了异常处理,但与例 9.1 中使用的方法相比并没有明显优势,因为处理异常的功能都是由函数本身完成的。使用异常处理来处理函数抛给调用者的异常如例 9.3 所示,其中的函数 divide()将异常抛给它的调用者,而其自身则关注于功能的实现。

【例 9.3】 使用异常处理来处理函数抛给调用者的异常。

```
1.     # include < iostream >
2.     using namespace std;
3.     int divide(int dividend, int divisor)
4.     {
5.        if(divisor == 0)
6.           throw dividend;
7.        return dividend / divisor;
8.     }

9.     int main()
10.    {
11.       cout << "请输入两个数(被除数在前,除数在后): ";
12.       int dividend, divisor;
13.       cin >> dividend >> divisor;
14.       try
15.       {
16.          int result = divide(dividend, divisor);
17.          cout << dividend << " / " << divisor << " = " << result << endl;
18.       }
19.       catch(int e)
20.       {
21.          cout << "Exception: 整数 " << e << "不能被零除" << endl;
22.       }
23.       cout << "继续执行后续的程序..." << endl;
24.       return 0;
25.    }
```

一般地,在检测到某条件不成立时才会使用 throw 语句抛出异常。不过,也有无条件抛出异常的需求。例如,在例 7.5 中的类 CPlayground 和例 7.6 中的类 CStudentList 中,为防止从类外调用它们的复制构造函数和赋值运算符函数,将它们设为私有的;为防止它们被类的其他函数调用,可以不实现它们,或者在实现中直接抛出一个异常。

9.1.1 异常的捕获

前面已经提及,是否能够捕获一个异常是由异常的类型决定的,与异常的值无关。另外,异常中的数据类型不会执行隐含的类型转换,因此,如果抛出的异常类型是整型,则参数为其他类型的 catch 语句不会捕获该异常。异常的捕获如例 9.4 所示,其中程序可以抛出三类异常：整型、字符型和双精度型。对于 catch 语句，首先拦截整型异常，然后拦截字符型异常，最后使用语句"catch(...)"拦截所有异常。注意，拦截所有异常的语句应为最后一个 catch 语句，因为其后的所有 catch 语句均无法得到执行的机会。

【例 9.4】 异常的捕获。

```
1.      # include < iostream >
2.      # include < conio. h >
3.      using namespace std;
4.      int main()
5.      {
6.          int i;
7.          while(true)
8.          {
9.              cout << "请输入一个整数：";
10.             cin >> i;
11.             try
12.             {
13.                 if(i > 0)
14.                     throw 1;
15.                 else if(i == 0)
16.                     throw 'a';
17.                 else
18.                     throw 1.1;
19.             }
20.             catch(int)
21.             {
22.                 cout << "捕获到整型异常" << endl;
23.             }
24.             catch(char)
25.             {
26.                 cout << "捕获到字符型异常" << endl;
27.             }
28.             catch(...)
29.             {
30.                 cout << "捕获到一个不明类型的异常" << endl;
31.             }
32.             cout << "按 e 退出，按其他键继续...";
33.             if(getch() == 'e')
34.                 break;
35.             cout << endl;
36.         }
37.         return 0;
38.     }
```

根据输入的不同，程序的输出示例如下：

```
1.      请输入一个整数：1
2.      捕获到整型异常
3.      按 e 退出，按其他键继续...
4.      请输入一个整数：0
5.      捕获到字符型异常
6.      按 e 退出，按其他键继续...
7.      请输入一个整数：-1
8.      捕获到一个不明类型的异常
9.      按 e 退出，按其他键继续...
```

另外,还可以对异常层层布网,也可以在处理异常时再次抛出异常:此时可以抛出原异常,也可以抛出新异常。对异常层层布网并再次抛出异常如例9.5所示。在这个例子中,函数fun()中抛出了一个整型异常并在随后的catch块中成功拦截,然后又使用语句"throw;"将原异常抛出,并在main()函数中拦截此异常。

【例9.5】 对异常层层布网并再次抛出异常。

```
1.    # include < iostream >
2.    using namespace std;

3.    void fun()
4.    {
5.       try
6.       {
7.          throw 12;
8.       }
9.       catch(int)
10.      {
11.         cout << "int exception.\n";
12.         throw;
13.      }
14.   }

15.   int main()
16.   {
17.      try
18.      {
19.         fun();
20.      }
21.      catch(int)
22.      {
23.         cout << "int exception.\n";
24.      }
25.      return 0;
26.   }
```

其输出如下:

```
1.    int exception.
2.    int exception.
```

9.1.2 异常接口声明

可以在函数声明中列出其可能抛出的异常类型,例如函数声明"void fun() throw(int, char *);"表示在函数fun()中可能抛出的异常类型有整型和字符指针型。不过,这并不是强制的要求,例如在上述声明下,在fun()函数中抛出双精度类型的异常也是允许的,不过,此时会抛出标准异常bad_exception(有些编译器不支持)。关于bad_exception异常,将在9.4节介绍。

如果在函数的声明中没有包含异常接口声明,则此函数可以抛出任何类型的异常,例如声明"void fun();";如果函数不抛出任何异常,则需要声明为"void fun() throw();"。

9.2 异常处理中的对象

到目前为止,抛出的异常都是基本数据类型,并且在try块中都没有涉及对象。那么能否抛出一个自定义的异常类型? 在抛出异常时,对于已构造完毕的对象是怎么处理的? 例9.6

视频讲解

演示使用异常对象的方法。

【例 9.6】 使用异常对象。

```
//file: expt.h
1.      #ifndef __EXPT_H__
2.      #define __EXPT_H__

3.      #include<iostream>
4.      using namespace std;

5.      class Expt
6.      {
7.      public:
8.          const char * message() const
9.          {
10.             return "Expt 类异常";
11.         }
12.     };

13.     class MyString
14.     {
15.     public:
16.         MyString(){ cout << "MyString 的构造函数" << endl; }
17.         ~MyString(){ cout << "MyString 的析构函数" << endl; }
18.     };

19.     #endif

20.     //file: main.cpp
21.     #include<iostream>
22.     #include"expt.h"
23.     using namespace std;

24.     int main()
25.     {
26.         MyString s;
27.         try
28.         {
29.             MyString str;
30.             throw Expt();
31.         }
32.         catch(Expt e)
33.         {
34.             cout << e.message() << endl;
35.         }
36.         catch(...)
37.         {
38.             cout << "捕获到不明类型异常..." << endl;
39.         }
40.         cout << "继续执行程序..." << endl;

41.         return 0;
42.     }
```

其输出如下：

```
1.     MyString 的构造函数
2.     MyString 的构造函数
3.     MyString 的析构函数
4.     Expt 类异常
5.     继续执行程序…
6.     MyString 的析构函数
```

例 9.6 输出的第 1 行是构造外层的 MyString 类的对象 s 所致（程序第 26 行），输出的第 2 行是构造 try 块中的 MyString 类的对象 str 所致（程序第 29 行），输出第 3 行是析构对象 str 所致。由于其他各行的输出没有特别之处，故不再详细解释。从上面可以看出，当抛出异常时，在 try 块内已经构造完毕的对象会在处理异常之前自动调用析构函数析构，这保证了对象的正确清除。

例 9.6 说明了在 try 块中已经构造好的对象会在处理异常之前被清除，但还有一种特殊情况，即异常发生在构造函数中的情况，如例 9.7 所示。

【例 9.7】 异常发生在构造函数中的情况。

```
1.     //file: expt.h
2.     # ifndef __EXPT_H__
3.     # define __EXPT_H__

4.     # include < iostream >
5.     using namespace std;

6.     class Expt
7.     {
8.     public:
9.       const char * message() const
10.     {
11.        return "Expt 类异常";
12.     }
13.     };

14.     class MyString
15.     {
16.     public:
17.       MyString(){ cout << "MyString 的构造函数" << endl; throw Expt(); }
18.       ~MyString(){ cout << "MyString 的析构函数" << endl; }
19.     };
20.     # endif

21.     //file: main.cpp
22.     # include < iostream >
23.     # include"expt.h"
24.     using namespace std;

25.     int main()
26.     {
27.        try
28.        {
29.          MyString str;
30.          throw Expt();
31.        }
```

```
32.        catch(Expt e)
33.        {
34.            cout << e.message() << endl;
35.        }
36.        catch(...)
37.        {
38.            cout << "捕获到不明类型异常..." << endl;
39.        }
40.        cout << "继续执行程序..." << endl;
41.        return 0;
42.    }
```

其输出如下：

```
1.    MyString 的构造函数
2.    Expt 类异常
3.    继续执行程序...
```

在例 9.7 中，在 MyString 类的构造函数中抛出了一个 Expt 类异常，也就是说对象 str 没有构造完毕就发生了异常。从程序的输出可以看出，当异常发生后，程序直接转到了异常处理块，而没有调用 MyString 类的析构函数析构 str。因此，设计类的构造函数时需要格外小心，特别是要把内存分配的程序放在 try 块中加以保护。在例 9.7 中，假设在 MyString 类的构造函数中进行了动态内存分配后发生了异常，则刚分配的内存就不会被回收，从而造成内存泄漏。

在析构函数中不能向函数外抛出异常，因为此时的异常无法拦截，程序只能强制结束。也就是说，如果在析构函数中发生了异常，则只能在其内部进行异常处理。

9.3　异常的多态

异常的捕获是根据类型进行的。由于类间有继承关系，存在多态的情况，因此异常处理中自然也有多态的情况。在多个 catch 子句的顺序上，要求派生类在前、基类在后，否则不但编译时会有警告，而且拦截派生类异常的 catch 子句将无法得到运行机会。另外，捕获异常时推荐使用"引用"，而不是"值"。下面通过例 9.8 简单说明异常中的多态。

【例 9.8】　异常中的多态。

```
1.    # include < iostream >
2.    using namespace std;

3.    class Base
4.    {
5.    public:
6.        Base() { cout << "Base()" << endl; }
7.        Base(const Base & ) { cout << "Base(const Base &)" << endl; }
8.        ~Base() { cout << "~Base()" << endl; }
9.        void what(){ cout << "class Base." << endl; }
10.   };

11.   class Derived : public Base
12.   {
```

```
13.    public:
14.        Derived()
15.        { cout << "Derived()" << endl; }

16.        Derived(const Derived & d) : Base(d)
17.        { cout << "Derived(const Derived &)" << endl; }

18.        ~Derived() { cout << "~Derived()" << endl; }
19.        void what(){ cout << "class Derived." << endl; }
20.    };

21.    int main()
22.    {
23.        try
24.        {
25.            throw Derived();
26.        }
27.        catch(Base b)
28.        {
29.            b.what();
30.        }
31.        catch (Derived d)
32.        {
33.            d.what();
34.        }
35.        cout << endl;

36.        try
37.        {
38.            Derived e;
39.            throw e;
40.        }
41.        catch(Base & b)
42.        {
43.            b.what();
44.        }
45.        cout << endl;

46.        try
47.        {
48.            throw Derived();
49.        }
50.        catch (Derived & d)
51.        {
52.            d.what();
53.        }
54.        catch (Base & b)
55.        {
56.            b.what();
57.        }
58.        return 0;
59.    }
```

> 首先构造一个无名派生类对象；由于第一个catch语句捕获异常且其类型为Base，因此调用基类的复制构造函数初始化catch子句中的对象b

> 调用基类的what()函数，接着析构参数中的对象b，最后析构异常对象

> 构造一个派生类对象e

> 首先调用派生类的复制构造函数使用对象e初始化异常对象，然后异常对象与catch子句中的类型匹配；由于catch中的参数使用了引用，因此将异常对象的地址传递给catch子句中的参数b，接着析构发生异常前已构造完毕的对象e(根据编译器的不同，析构e与初始化b的顺序可能不同)

> 调用基类的what()函数，接着析构异常对象

其输出如下：

```
1.      Base()
2.      Derived()
3.      Base(const Base &)
4.      class Base.
5.      ～Base()
6.      ～Derived()
7.      ～Base()

8.      Base()
9.      Derived()
10.     Base(const Base &)
11.     Derived(const Derived &)
12.     ～Derived()
13.     ～Base()
14.     class Base.
15.     ～Derived()
16.     ～Base()

17.     Base()
18.     Derived()
19.     class Derived.
20.     ～Derived()
21.     ～Base()
```

从输出可以看出,虽然三次抛出的都是 Derived 类的异常,且都被拦截并处理,但处理过程不同:第一次拦截时使用了值传递,因此初始化 catch 子句中的对象 b 时需要调用它的复制构造函数;第二次拦截时使用了引用传递,因此不需要初始化 catch 子句中的对象 b,但由于 what()函数不是虚函数,因此通过 b 调用 what()函数时执行的是基类的实现版本;第三次拦截时使用了引用且将派生类的拦截放到基类拦截之前,因此不需要初始化 catch 子句中的对象 d,且通过 d 调用 what()函数时执行的是派生类的实现版本。从以上过程可以看出,首先,使用引用传递的运行效率比较高;其次,在 catch 子句中要注意对派生类的拦截要在对基类的拦截之前;最后,在异常处理程序执行完毕后析构异常对象。在例 9.8 中,如果 what()函数是一个虚函数,则在第二次拦截时,由于使用了引用传递,通过 b 调用 what()函数会执行派生类的实现版本。

9.4　标准库中的异常处理

视频讲解

C++语言标准库中提供了异常类,它们从基类 exception 开始派生。基类 exception 定义在头文件< exception >中,它定义了一个虚函数 what(),为异常提供一个公共接口,用来获取相应的错误信息。C++语言标准库中异常类的派生关系如图 9.1 所示。

为使用这些异常,需要了解什么时候会抛出它们。不过,由于本书不关注 C++语言的新特性,因此下面仅对 C++98 标准中的异常类做简单的介绍。

(1) exception 异常。

定义在头文件< exception >中,是标准异常类的基类,因此能够捕获所有的标准异常。

(2) bad_alloc 异常。

定义在头文件< exception >中,从 exception 类派生。该异常可由标准的 new 运算符和 new[]运算符抛出。

(3) bad_cast 异常。

定义在头文件< typeinfo >中,从 exception 类派生。使用 dynamic_cast 将一个对象动态

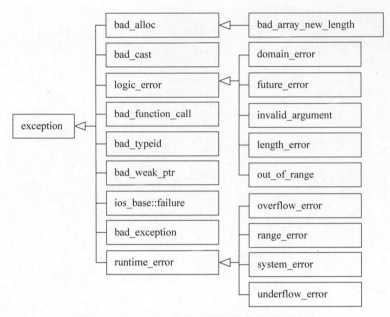

图 9.1　C++语言标准库中异常类的派生关系

转换为另一个对象的引用失败时会抛出该异常,如例 9.9 所示。该例的输出为"bad_cast 异常: Bad dynamic_cast!"。

【例 9.9】 处理 bad_cast 异常。

```
1.    # include < iostream >
2.    # include < typeinfo >
3.    using namespace std;
4.    class Base { public: virtual ～Base() { } };
5.    class Derived : Base { };
6.    int main()
7.    {
8.      try
9.      {
10.       Base b;
11.       Derived & d = dynamic_cast < Derived& >(b);
12.     }
13.     catch (bad_cast & e)
14.     {
15.       cerr << "bad_cast 异常: " << e.what() << endl;
16.     }
17.     return 0;
18.   }
```

(4) logic_error 异常。

定义在头文件< stdexcept >中,从 exception 类派生。该异常类捕获内部逻辑错误,这类错误一般在程序运行之前能够检测到。

(5) domain_error 异常。

定义在头文件< stdexcept >中,从 logic_error 类派生。该异常通常表示函数自变量的取值非法。例如,开平方时要求自变量的取值为非负数;如果自变量取值为负数则应该抛出该异常。在 C++语言标准类库中不会抛出该类型异常,它只作为一个标准异常,由程序员决定何时抛出该类型异常。

（6）invalid_argument 异常。

定义在头文件＜stdexcept＞中，从 logic_error 类派生。该异常可以由程序抛出，表示参数是无效的；标准库中的有些函数也会抛出该异常。

（7）length_error 异常。

定义在头文件＜stdexcept＞中，从 logic_error 类派生。该异常可以由程序抛出，表示长度超过了对象所允许的长度；标准库中，例如在调整一个 vector 或 string 对象的长度时可能会抛出该异常。

（8）out_of_range 异常。

定义在头文件＜stdexcept＞中，从 logic_error 类派生。该异常可以由程序抛出，表示参数越界；标准库中，例如在访问 vector、deque、string 和 bitset 的元素时可能因索引越界而抛出该异常，如例 9.10 所示。

【例 9.10】 处理 out_of_range 异常。

```
1.    # include < iostream >
2.    # include < stdexcept >
3.    # include < bitset >
4.    # include < vector >
5.    using namespace std;
6.    int main()
7.    {
8.      try
9.      {
10.         bitset < 4 > b;
11.         b. set(5, true);
12.      }
13.      catch (out_of_range & e)
14.      {
15.         cerr << e. what() << endl;
16.      }
17.      try
18.      {
19.         vector < int > v(10);
20.         v. at(20)  = 10;
21.      }
22.      catch (out_of_range & e)
23.      {
24.         cerr << e. what() << endl;
25.      }
26.      return 0;
27.    }
```

其输出如下：

```
1.    invalid bitset < N > position
2.    invalid vector < T > subscript
```

（9）bad_typeid 异常。

定义在头文件＜typeinfo＞中，从 exception 类派生。在运行时类型识别（Run-Time Type Identification，RTTI）中，如果 typeid 的参数为空指针，则会抛出该异常。

（10）ios_base::failure 异常。

在流类库中的函数中，当产生流错误时会抛出该异常。该异常也是流类库异常类的基类。在使用该异常时，需要为流对象设定想要抛出异常类型的异常掩码。例 9.11 说明处理 ios_base::failure 异常的方法：在要打开的文件不存在或读取数据到文件尾时会抛出该异常。程序输出为"流异常：ios_base::failbit set: iostream stream error"。

【例 9.11】 处理 ios_base::failure 异常。

```
1.    # include <iostream>
2.    # include <fstream>
3.    using namespace std;
4.    int main()
5.    {
6.        ifstream in;
7.        in.exceptions(ios::failbit);                    //设定异常位
8.        try
9.        {
10.           int i;
11.           in.open("test.txt");
12.           while (!in.eof()) in.get();
13.               in.close();
14.       }
15.       catch (ios_base::failure & e)
16.       {
17.           cerr << "流异常：" << e.what() << endl;
18.       }
19.       return 0;
20.   }
```

（11）bad_exception 异常。

定义在头文件<exception>中，从 exception 类派生。如果一个函数的异常接口声明中包含了 bad_exception 异常，那么当在该函数中抛出一个未在异常接口中声明的异常类型时就会调用一个特殊的 unexpected()函数；如果在该 unexpected()函数中重新抛出原异常或抛出不在异常接口声明中的异常，则系统会自动地抛出一个 bad_exception 异常，其中 unexpected()函数是一个函数指针，指向一个返回 void 值且没有参数的函数；可以通过 set_unexpected()函数设置 unexpected()函数。

例 9.12 说明了处理 bad_exception 异常的方法，其中 unexpected_error()函数是自定义 unexpected()函数，在 main()函数中使用 set_unexpected()函数将该自定义函数设为 unexpected()函数；在 function()函数中抛出了字符型异常，由于该异常不在异常接口声明中且在该接口中包含了 bad_exception 异常，因此此时会自动调用当前的 unexpected()函数——即自定义的 unexpected_error()函数；在该自定义的函数中通过 throw 抛出了原异常，此时系统自动创建一个 bad_exception 异常并抛出；最后该抛出的 bad_exception 异常被捕获。该例需要使用支持 bad_exception 异常的编译器编译运行（例如 TDM-GCC），Visual C++不支持该异常。

【例 9.12】 处理 bad_exception 异常。

```
1.    # include <iostream>
2.    # include <exception>
3.    using namespace std;

4.    void unexpected_error()                    //自定义的 unexpected()函数
```

```
5.    {
6.        cerr << "产生了意外异常" << endl;
7.        throw;                    //抛出原异常
8.    }

9.    void function() throw (int, bad_exception)
10.   {
11.       throw 'e';                //抛出字符型异常
12.   }

13.   int main(void)
14.   {
15.       set_unexpected(unexpected_error);
16.       try
17.       {
18.           function();
19.       }
20.       catch (char) { cerr << "捕获字符型异常" << endl; }
21.       catch (bad_exception & e) { cerr << "捕获意外异常: " << e.what() ; }
22.       catch (...) { cerr << "捕获其他意外异常" << endl; }
23.       return 0;
24.   }
```

其输出如下：

```
1.    产生了意外异常
2.    捕获意外异常: std::bad_exception
```

（12）runtime_error 异常。

定义在头文件< stdexcept >中，从 exception 类派生，用来处理运行期间才能检测到的异常。

（13）overflow_error 异常。

定义在头文件< stdexcept >中，从 runtime_error 类派生，用来表示算术运算中的向上溢出问题。该异常由程序抛出，标准库中也有抛出此异常的情况。

（14）range_error 异常。

定义在头文件< stdexcept >中，从 runtime_error 类派生，用来处理运算中的区间错误。该异常由程序抛出，标准库中也有抛出此异常的情况。

（15）underflow_error 异常。

定义在头文件< stdexcept >中，从 runtime_error 类派生，用来表示算术运算中的向下溢出问题。该异常由程序抛出，标准库中不会抛出此异常。

9.5 小   结

在程序运行中出现异常情况是难免的，C++语言提供了异常处理方法来解决这个问题。异常处理可简化程序的逻辑结构，增强程序的健壮性。异常处理通过 throw 抛出异常、通过 try-catch 来实现程序的保护和异常的处理。

在抛出异常时，受保护程序中已经占用的内存会正确释放。不过，如果在一个对象的构造函数中向函数外抛出异常，则不会调用该对象的析构函数回收其在堆上占用的内存。

异常对象可以使用多态，此时在 catch 子句中推荐使用引用传递，并将对派生类的拦截放到对基类的拦截之前。

9.6 习　　题

1. 简述异常处理中从抛出异常对象到 catch 到异常过程中各对象的复制过程。

2. 怎么拦截全部异常或未知异常？拦截全部异常的 catch 子句应放在哪里？

3. 如果异常对象有多态行为，那么拦截异常时要注意什么？

4. 举例说明无条件抛出异常的情况。

5. 运行下面的程序，写出分别输入 90 和 150 时程序的输出。

```cpp
#include <iostream>
using namespace std;
int main()
{
    cout << "请输入学生的成绩(0-100): ";
    int score;
    cin >> score;
    try
    {
        cout << "进入受保护代码..." << endl;
        if (score < 0 || score > 100)
            throw score;
        cout << score << endl;
        cout << "离开受保护代码..." << endl;
    }
    catch (int e)
    {
        cout << "输入的成绩" << e << "不合法" << endl;
    }
    cout << "继续执行..." << endl;
    return 0;
}
```

6. 写出下面程序的输出。然后在该题中将 catch 子句中的参数均改为引用传递，写出程序的输出。

```cpp
#include <iostream>
using namespace std;
class A
{
public:
    A() { cout << "A()" << endl; }
    A(const A & e) { cout << "A(const A &)" << endl; }
    virtual ~A() { cout << "~A()" << endl; }
};
class B : public A
{
public:
    B() { cout << "B()" << endl; }
    B(const B & e)
    {
        cout << "B(const B &)" << endl;
```

```cpp
    }
    ~B() { cout << "~B()" << endl; }
};
class C : public B
{
public:
    C() { cout << "Expt2()" << endl; }
    C(const C & e) { cout << "C(const C &)" << endl; }
    ~C() { cout << "~C()" << endl; }
};

void func() { B e; throw e; }

int main()
{
    try
    {
        try
        {
            B e;
            func();
        }
        catch (B e) { cout << "B 类型异常" << endl; throw e; }
        catch (C e) { cout << "C 类型异常" << endl; }
    }
    catch (A e) { cout << "A 类型异常" << endl; }
    catch (B e) { cout << "B 类型异常" << endl; }
    catch (C e) { cout << "C 类型异常" << endl; }

    return;
}
```

异常处理

参 考 文 献

[1] ECKEL B. C++编程思想[M]. 刘宗田,等译. 北京：机械工业出版社，2000.

[2] 陈维兴，林小茶. C++面向对象程序设计教程[M]. 北京：清华大学出版社，2009.

[3] 陈志泊，王春玲，孟伟. 面向对象的程序设计语言——C++[M]. 2 版. 北京：人民邮电出版社，2007.

[4] LIANG Y D. C++程序设计[M]. 北京：机械工业出版社，2008.

[5] DATTATRI K. C++面向对象高效编程[M]. 叶尘，译. 2 版. 北京：人民邮电出版社，2013.

[6] 杜茂康，吴建，王永. C++面向对象程序设计[M]. 北京：电子工业出版社，2010.

[7] JOHNSONBAUGH R, KALIN M. 面向对象程序设计——C++语言描述(原书第 2 版)[M]. 蔡宇辉，李军义，译. 北京：机械工业出版社，2002.

[8] 李兰. C++面向对象程序设计[M]. 西安：西安电子科技大学出版社，2010.

[9] 林锐，韩永泉. 高质量程序设计指南：C++/C 语言[M]. 3 版. 北京：电子工业出版社，2007.

[10] 刘厚泉，李政伟. C++程序设计基础教程[M]. 北京：机械工业出版社，2014.

[11] 吕凤翥. C++语言基础教程[M]. 北京：清华大学出版社，2002.

[12] 刘振安. C++程序设计[M]. 北京：机械工业出版社，2008.

[13] 闵联营，何克右. C++程序设计[M]. 北京：清华大学出版社，2009.

[14] 钱能. C++程序设计教程(通用版)[M]. 3 版. 北京：清华大学出版社，2019.

[15] 宋春花，吕进来. C++面向对象程序设计[M]. 北京：人民邮电出版社，2014.

[16] PRATA S. C++Primer Plus[M]. 6 版. 张海龙，袁国忠，译. 北京：人民邮电出版社，2012.

[17] 谭浩强. C++面向对象程序设计[M]. 北京：清华大学出版社，2006.

[18] 宛延闿. C++语言和面向对象程序设计[M]. 北京：清华大学出版社，1997.

[19] 王燕. 面向对象的理论与 C++实践[M]. 北京：清华大学出版社，1997.

[20] 姚全珠，李薇，王晓帆. C++面向对象程序设计[M]. 北京：电子工业出版社，2010.

[21] 张冰. 面向对象程序设计 C++语言编程[M]. 北京：机械工业出版社，2008.

[22] 郑莉，董渊，何江舟. C++语言程序设计[M]. 4 版. 北京：清华大学出版社，2010.

[23] 朱红，赵琦，王庆宝. C++程序设计教程[M]. 3 版. 北京：清华大学出版社，2019.

[24] 朱战立，张玉祥. C++面向对象程序设计[M]. 北京：人民邮电出版社，2006.

图书资源支持

感谢您一直以来对清华版图书的支持和爱护。为了配合本书的使用，本书提供配套的资源，有需求的读者请扫描下方的"书圈"微信公众号二维码，在图书专区下载，也可以拨打电话或发送电子邮件咨询。

如果您在使用本书的过程中遇到了什么问题，或者有相关图书出版计划，也请您发邮件告诉我们，以便我们更好地为您服务。

我们的联系方式：

地　　址：北京市海淀区双清路学研大厦 A 座 714

邮　　编：100084

电　　话：010-83470236　　010-83470237

客服邮箱：2301891038@qq.com

QQ：2301891038（请写明您的单位和姓名）

资源下载：关注公众号"书圈"下载配套资源。

书圈

获取最新书目

观看课程直播